Prof. Dr. Michael M. Zacharias

Network-Marketing: Beruf und Berufung

Inhalt

01

Network-Marketing: Wachstumsbranche der Zukunft   24

04

Der C-Faktor: Wie Sie es ganz nach oben schaffen   161

Vorwort

Liebe Leserin, lieber Leser,

ich wende mich an Sie in meiner Eigenschaft als Obmann im *Bundesgremium Direktvertrieb der Wirtschaftskammer Österreich*. Direktvertrieb und Network-Marketing erfahren in Österreich die höchste Wertschätzung und Anerkennung im deutschsprachigen Bereich. Während der Direktvertrieb in vielen europäischen Ländern noch immer mit Imageproblemen zu kämpfen hat, ist er in Österreich seit 1992 Teil der Wirtschaftskammer.

Diese vertritt die Interessen der selbstständigen Berater, die bei uns übrigens Warenpräsentatoren genannt werden, und setzt sich für bessere gesetzliche Rahmenbedingungen ihrer Mitglieder ein. Durch eine intensive Lobby- und Öffentlichkeitsarbeit ist es im Laufe der letzten Jahre gelungen, das Image der Branche zu verbessern. Mit überaus positiven Auswirkungen: Der Direktvertrieb ist in Österreich stärker gewachsen als alle anderen Formen des konventionellen Handels. Immer mehr Unternehmen entdecken diesen Weg als Vertriebskanal für sich.

Die Erfolge in Österreich können Schule machen. Deshalb werden wir einen europäischen Verband ins Leben rufen, für den bereits die Weichen gestellt sind. Durch eine engere Vernetzung auf europäischer Ebene ist es möglich, Aktivitäten zu bündeln und die Aufklärung der Öffentlichkeit zu verstärken. Die Organisation in einem internationalen Gremium bietet hierfür eine ideale Basis. Unsere erklärten Ziele sind Qualität und Seriosität im Direktvertrieb, ein fairer Wettbewerb sowie die Einhaltung der Verhaltensstandards.

Das vorliegende Buch »Network-Marketing: Beruf und Berufung« leistet einen wertvollen Beitrag dazu, das Image der Branche zu heben. Der Leser bekommt ein besseres Verständnis von Network-Marketing und seinem enormen Potenzial. Für manche mag das Buch ein Anstoß sein, ihre Chance im Network-Marketing zu erkennen, etablierte Networker sehen sich in ihrer Arbeit bestätigt. In jedem Fall ist es den beiden Autoren Professor Dr. Michael Zacharias und Jörg Löhr gelungen, ein Standardwerk zu schreiben, das zur Pflichtlektüre vieler Networker werden wird.

Es richtet sich an alle, die sich für den Wachstumsmarkt Direktvertrieb interessieren und die Karrierechancen, die er bietet, nutzen wollen.

Für seine besonderen Verdienste um die Branche des Direktvertriebs wurde Professor Michael Zacharias erst vor kurzem mit dem Ehrenring des *Bundesgremiums Direktvertrieb der Wirtschaftskammer Österreich* ausgezeichnet. Umso mehr freut es mich, dass die Ergebnisse seiner nationalen und internationalen Studien jetzt in Form eines Buches veröffentlicht werden.

Er zählt zu den renommiertesten Wissenschaftlern und Beratern im Direktvertrieb und kennt die Branche so umfassend wie kein Zweiter.

Ich gratuliere den Autoren herzlich zu ihrem Buch und wünsche den Lesern viel Spaß bei der Lektüre.

Es grüßt Sie

Erwin Stuprich
*Obmann des Bundesgremiums Direktvertrieb
der Wirtschaftskammer Österreich*

Vorwort

Eine Branche und ihr Image

Das Image der Network-Marketing- und Direktvertriebsbranche ist eigentlich schnell beschrieben. Es ist wie bei *McDonald's* oder bei der *BILD*-Zeitung. Keiner geht hin, keiner liest sie. Zumindest, wenn man sich in der Öffentlichkeit umhört. Und trotzdem zählen beide Unternehmen, jedes in seinem Bereich, zu den erfolgreichsten der Republik.

Ein ähnliches Phänomen ist in der Network-Marketing- und Direktvertriebsbranche erkennbar. Gehört haben wohl schon einige etwas, aber Genaues weiß man nicht ...

Gerüchte gibt es viele. Da wird von einem Schneeballsystem gesprochen, von Garagen voller Ware – bis hin zur klassischen Pauschalaussage: »Den Letzten beißen die Hunde ...«

Wo dieses Un- oder Halbwissen herkommt, ist nachvollziehbar. Network-Marketing und Direktvertrieb sind eine Vertriebsform, die meist erklärungsbedürftige Produkte direkt an den Endverbraucher bringt. Vielfach geschieht das auf der Basis der Empfehlung von Verbraucher zu Verbraucher, einfacher ausgedrückt, einer sagt es dem anderen, dass er mit einem bestimmten Produkt zufrieden ist. Werbung oder öffentliche Informationen gab es bisher in dieser Branche so gut wie nicht.

Dieses Empfehlungsmarketing kennen wir alle von unseren Kindern. Auf den Schulhöfen werden laufend neue Trends und Produkte in Windeseile kommuniziert, die dann alle haben wollen. Erinnern wir uns nur einmal an die elektronischen Tamagochi-Tierchen oder heute an Computerspiele und Handyklingeltöne. Das hat für die Hersteller den Riesenvorteil, dass sie Werbekosten einsparen können. Der Nachteil ist aber, dass die Hersteller nicht eingreifen können, wenn sich die Mund-zu-Mund-Empfehlung ins Negative dreht. Dann ist das Produkt kein Trend mehr, sondern wird leicht zum Ladenhüter.

Nun ergänzt die Network-Marketing- und Direktvertriebsbranche mehr und mehr das Empfehlungsmarketing mit einer gezielten Öffentlichkeitsarbeit und umfassenden, verständlichen Produktinformationen. Die breite Öffentlichkeit, Politiker, Verbände und Medien bekommen einen Eindruck davon, was die Branche macht und welche sozial- und wirtschaftspolitische Bedeutung dieses Geschäft einnimmt. Über 500 000 Frauen und Männer arbeiten allein in Deutschland haupt- oder nebenberuflich im Network-Marketing und Direktvertrieb. Und täglich schließen sich weitere Beraterinnen und Berater diesem einfachen und risikoarmen Geschäft an und wagen den Schritt in die Selbstständigkeit.

Das Ihnen vorliegende Buch »Network-Marketing – Beruf und Berufung« zeigt Ihnen die Möglichkeiten und Chancen im Wachstumsmarkt Direktvertrieb auf und gibt praktische Beispiele aus der Branche und für die Branche. Die Autoren Prof. Dr. Michael Zacharias und Jörg Löhr sind die Garanten für einen hohen Lesernutzen. Wer dieses Buch gelesen hat, weiß nicht nur, wie die Branche funktioniert, sondern vor allen Dingen auch, wie Network-Marketing für den ganz persönlichen beruflichen Erfolg umzusetzen ist.

Man muss nur wollen, das Können kommt dann von selbst.
In diesem Sinne wünsche ich Ihnen viele gute Anregungen durch dieses interessante Buch.
Herzlichst, Ihr

Bernd Seitz
Herausgeber der Branchenfachzeitung Network-Karriere
www.network-karriere.com

Vorneweg dies ...

»Ich hatte immer das Gefühl, dass mein Lehrer mich nicht mochte und mein Vater meinte, ich sei dumm.«
So wird der Mann zitiert, der als einer der berühmtesten Erfinder in die Geschichte einging: Thomas Alva Edison (1847-1931).

Über zweitausend Erfindungen hat er gemacht, über tausend sind patentiert. Einige davon erleichtern uns noch heute das Leben. Bahnbrechend war zweifellos seine Erfindung der Glühlampe – auch wenn Kritiker hartnäckig behaupten, dass Edison die Glühlampe gar nicht erfunden, sondern nur verbessert habe. Wie auch immer: Die Glühlampe machte Edison reich und berühmt. Nicht weil er einen Kohlefaden in einer Lampe zum Glühen brachte, sondern weil er seine Erfindung geschickt vermarktet hat. Denn der Sohn eines Holzhändlers aus Ohio verfügte neben seinem Erfindergeist über einen ausgeprägten Geschäftssinn.

Warum Thomas Edison reich und berühmt wurde

Edison war schon als Kind interessierter, neugieriger, wissbegieriger als andere Kinder. Trotzdem zweifelten die Lehrer an seiner Intelligenz. Entmutigt kehrte Edison der Schule den Rücken – ohne einen Abschluss in der Tasche zu haben. Stattdessen richtete er sich im Alter von elf Jahren im Keller seines Elternhauses ein Versuchslabor ein. Das Geld dafür verdiente er, indem er auf der *Grand-Truck-Eisenbahn* zwischen Port Huron und Detroit Zeitungen und Süßigkeiten verkaufte. Doch er wollte mehr. Schon bald druckte er im letzten Zugabteil seine eigene Zeitung und heuerte eine Reihe von Jungs an, die nicht nur seine Süßigkeiten, sondern auch seine Zeitung verkauften. Der Jungunternehmer war geboren.

Das war der Beginn einer beispiellosen Unternehmerkarriere. Jahrzehnte später besaß Edison ein Firmenimperium und gehörte zu den reichsten Männern seiner Zeit. Was passierte in den Jahren dazwischen? Nachdem ihn das Zeitungsgeschäft langweilte, machte Edison eine Lehre als Telegraphist. Vom ersten Tag an erkannte er, dass das Morse-Alphabet allein nicht reichte, damit die Telegraphie funktionierte. Netze, Telegraphenmasten, Übermittlungsstationen, geschulte Mitarbeiter waren notwendig, um das ganze System in Schwung zu halten. Als er Jahre später in seinem

Laboratorium im Menlo Park in New Jersey über der Glühbirne und deren Nutzen grübelte, fiel es ihm wie Schuppen von den Augen: Der Zusammenhang, das große Ganze war die Lösung. Netze, Leitungen, Transformatoren – so könnte es funktionieren. Er sah nicht nur die Glühbirne. Er sah das gesamte System. Er erkannte, dass die Glühbirne nur in Verbindung mit Netzen ein Gewinn für die Menschheit sein würde. Nur so konnte die kleine Lampe das ersehnte Licht in die Häuser bringen. Das Ende der Geschichte ist bekannt: Thomas Edison wurde reich und berühmt. Er wurde reich und berühmt, weil er das große Ganze sehen konnte, während die anderen lediglich die Glühbirnen sahen.

Die reichsten Menschen der Welt bauen Netze auf

Thomas Edison hat die Macht von Netzen verstanden. Nach seiner Erfindung der Glühbirne gründete er die Firma *General Electric*, überzog das Land mit einem Netzwerk elektrischer Leitungen und brachte den Menschen Elektrizität. Thomas Edison selbst wurde Multimillionär. Was diese Geschichte bedeutet? Die Reichen werden reich durch den Aufbau eines Systems, eines Netzes. Natürlich gibt es mehr als einen Weg zu Reichtum, aber die wirklich Reichen haben Netze aufgebaut. John D. Rockefeller zum Beispiel, der zu einem der reichsten Männer der Welt wurde. Er bohrte nicht nur nach Öl, sondern baute ein Netz von Tankstellen, Tankwagen, Schiffen und Leitungen auf. Sein Netz machte ihn so reich und mächtig, dass die US-Regierung es in Teilen wieder auflöste. Rockefellers Monopolstellung war zu groß geworden.

Die meisten Menschen sind damit zufrieden, Arbeitnehmer eines großen Netzes zu sein – ein Netz, das die Reichen reicher macht. Wäre es nicht sinnvoller, sich ein eigenes Geschäftsnetz aufzubauen? Dieses Buch wurde für diejenigen Menschen geschrieben, die die Zeichen der Zeit erkannt haben und die Verantwortung für ihr Leben selbst übernehmen wollen. Es ist ein Buch über Network-Marketing – die Vertriebsform mit den derzeit größten Wachstumsraten. Und der Boom hat gerade erst begonnen. Das Prinzip von Network-Marketing ist ebenso einfach wie genial: Die Produkte werden durch ein Netzwerk selbstständiger Geschäftspartner direkt an den Endverbraucher verkauft. Dabei haben Networker die Chance, sich ein eigenes Netzwerk mit passivem Einkommen aufzubauen, statt ein Leben lang in einem abhängigen Arbeitsverhältnis zu arbeiten.

Die meisten Menschen sind dazu erzogen worden, hart arbeitende, loyale Arbeitnehmer zu sein. Und der Erfolg? Ist es ihnen gelungen, ihre Lebensziele zu erreichen? Ist es ihnen gelungen, ihre Träume und Wünsche wahr werden zu lassen? Ist es ihnen gelungen, ein Vermögen und – was noch wichtiger ist – finanzielle Unabhängigkeit zu erlangen? Wenn ja – dann sind sie Ausnahmen. Wenn nein – dann stellt sich die Frage nach Alternativen. Network-Marketing ist eine Alternative. Es weist den Weg zu einem kreativen, erfüllenden und finanziell lohnenden Beruf, der für viele zur Berufung werden kann.

Network-Marketing macht das Unmögliche möglich

Network-Marketing ist eine außergewöhnliche Geschäftsidee, völlig einleuchtend und in sich stimmig. Ungeahnte Möglichkeiten und neue Horizonte öffnen sich. Viele Wünsche und Träume, die bis vor kurzem noch in unerreichbarer Ferne schienen, sind plötzlich zum Greifen nah.

Warum? Weil Network-Marketing das Unmögliche möglich macht. Der Traum von finanzieller Freiheit beginnt Wirklichkeit zu werden. Denn Network-Marketing birgt ein großes Potenzial an wirtschaftlichen Erträgen. Es erschließt eine Einkommensquelle, die noch lange nach getaner Arbeit sprudelt. Zudem trägt es in hohem Maße zur Persönlichkeitsentwicklung bei. Es ermöglicht dem Networker, sein gesamtes menschliches Potenzial auszuschöpfen – kurzum, das Beste aus sich selbst zu machen.

Network-Marketing – das Geschäft der Zukunft

Um mit Victor Hugo (1802–1885) zu sprechen: »Keine Armee der Welt kann eine Idee aufhalten, deren Zeit gekommen ist.« Das gilt für Network-Marketing mehr als für andere Strömungen unserer Zeit. Der Boom dieser revolutionären Geschäftsmethode ist nicht mehr zu stoppen. Bereits 55 Millionen Menschen weltweit sind im Direktvertrieb und im Network-Marketing involviert – und damit rund 0,6 % der Weltbevölkerung. Vorreiter sind vor allem Amerika und Asien, aber auch in Europa ist Network-Marketing auf dem Vormarsch.

Der Grund für diese dynamische Entwicklung sind vor allem wirtschaftliche, aber auch gesellschaftliche Veränderungen. In Zeiten von Rezession und Arbeitslosigkeit sind viele Menschen auf der Suche nach Alternativen. In der Vergangenheit mag der Job eine Garantie für sicheres Einkommen gewesen sein, heute gilt das nicht mehr. Unsicherheit und Ängste bestimmen den Alltag vieler Menschen. Was wird aus meinem Arbeitsplatz? Wie sicher ist meine Rente? Schaffe ich den Wiedereinstieg nach der Erziehungspause? Viele haben die Verantwortung für ihr Leben an den Arbeitgeber delegiert. Jetzt müssen sie lernen, wieder selbst Verantwortung für sich zu übernehmen. Selbstständiges Arbeiten, Disziplin und Leistung sind die Maxime der Zeit. Network-Marketing ist eine ideale Lösung. Networker sind selbstständig, arbeiten haupt- oder nebenberuflich und von zu Hause aus. Ob Mann oder Frau, jung oder alt, Arbeiter oder Akademiker – das Geschäft steht jedem offen. Auch gesellschaftliche Trends treiben Network-Marketing voran. Die Menschen ziehen sich zunehmend in ihren privaten Bereich zurück, zugleich suchen sie einen immer bequemeren Weg, um einzukaufen.

In diesen Zeiten des Umbruchs kann Network-Marketing für viele Menschen ein beruflicher Neuanfang sein. Voraussetzung für einen gelungenen Einstieg aber sind Informationen, die unabhängig von Unternehmen und Produkten sind, Informationen, die eine Orientierungshilfe geben und die Entscheidung erleichtern.

Warum dieses Buch?

Das vorliegende Buch ist eine Quelle von Informationen zum Thema Networking, die es in dieser Form zum ersten Mal gibt: neutral, wissenschaftlich fundiert, aber dennoch praxisnah. Es kombiniert eine wissenschaftliche Analyse von Geschichte, Gegenwart und Zukunft des Network-Marketing mit Beiträgen aus der Praxis erfolgreicher Networker. Vorgestellt werden Vertreter renommierter Unternehmen, die mehr als ein Beweis für die rasante Entwicklung des Network-Marketing sind: Sie machen Mut, ebenfalls in die Network-Branche einzusteigen.

Um in der Branche Erfolg zu haben, ist neben einem professionellen Unternehmen die Fähigkeit, sich selbst zu motivieren, unerlässlich. Zu wissen, warum man das Geschäft betreibt, und diese Ziele zum Motor für das Tagesgeschäft machen zu können, ist eine wesentliche Stärke erfolgreicher Networker. Ein Kapitel des Buches ist deshalb ausschließlich den Themen Zielsetzung, Motivation und Erkennen eigener Stärken gewidmet.

Trotz seiner rasanten Entwicklung gibt es noch immer Vorurteile gegen Network-Marketing. In der Öffentlichkeit wird diese Vertriebsform meistens neutral beurteilt, zeitweilig auch skeptisch bis negativ. Das Image vom »Haustürgeschäft« steckt noch immer in den Köpfen vieler. Es ist an der Zeit, diese Vorurteile endgültig auszuräumen.

Das vorliegende Buch soll zum besseren Verständnis und zur Akzeptanz von Network-Marketing beitragen. Es wird das Image der gesamten Branche verändern. Neueste wissenschaftliche Erkenntnisse, aussagekräftige Zahlen und Fakten, kombiniert mit Interviews hochkarätiger Experten, verbinden Theorie und Praxis in bisher einmaliger Weise. Weitere Merkmale des Buches sind

Neutralität, Aktualität und inhaltliche Dichte. Dennoch ist es leicht lesbar und verständlich geschrieben und unterscheidet sich damit wohltuend von teils theoretischen und kopflastigen Marketingbüchern.

»Network-Marketing: Beruf und Berufung« schließt eine Lücke auf dem Markt der einschlägigen Literatur. Es ist ein Standardwerk, das zur Pflichtlektüre vieler Networker werden wird.

An welche Zielgruppen richtet sich dieses Buch?

Zur Zielgruppe des Buches gehören Networker und solche, die es werden wollen. Damit umfasst der Leserkreis die Bandbreite der gesamten Bevölkerung, denn Network-Marketing ist ein Geschäft für jedermann. Unter den erfolgreichsten Networkern finden sich Studenten und Hausfrauen, Angestellte und Freiberufler, 25-Jährige und 65-Jährige. Alle profitieren davon, dass die Voraussetzungen für den Einstieg minimal sind. Es sind weder ein hohes Startkapital noch eine besondere Risikobereitschaft oder eine spezielle Ausbildung erforderlich. Stattdessen hängt der Erfolg im Network-Marketing stark von den so genannten Soft Skills ab. Dazu zählen soziale Kompetenz, gutes Kommunikationsvermögen, hohe Eigenmotivation, überdurchschnittliche Eigeninitiative und die Fähigkeit, sich selbst und andere zu begeistern.

Ebenfalls interessant ist das Buch für alle Unternehmen, die Network-Marketing bereits als Vertriebsweg nutzen oder künftig nutzen wollen. Aktuelle Zahlen und Trends geben Entscheidungshilfen, die Berichte aus der Praxis ermutigen zum Einstieg. Die am Buch beteiligten Fachleute und Organisationen – wie zum Beispiel das *Forum Direktvertrieb* – sind mögliche Ansprechpartner bei der praktischen Umsetzung.

Wertvolle Ansprechpartner finden auch Journalisten, die das Thema Network-Marketing für sich entdeckt haben. Als Vertriebsform, die der Wirtschaft in Deutschland und anderswo neue Impulse verleiht, wird Network-Marketing künftig in den

Medien mehr und mehr präsent sein. Mit diesem Buch erhalten Journalisten eine seriöse Quelle für Fakten in kompakter Form – was die Recherche enorm erleichtert – und nicht zuletzt viele Best-Practice-Beispiele.

Alles andere als graue Theorie: Wissenschaftliche Fakten von Professor Dr. Michael M. Zacharias

Der Verlag *Edition Erfolg* freut sich besonders, dass er für den theoretischen Teil des Buches Prof. Dr. Michael M. Zacharias gewinnen konnte. Er lehrt seit 1977 als Professor an der *Fachhochschule Worms* Marketing und Vertrieb in den Studiengängen European Business Management/Handelsmanagement. Daneben fließen die Erkenntnisse zahlreicher weiterer Experten und Organisationen ein, die sich dem Thema gewidmet haben.

Michael M. Zacharias kam erstmals Anfang der 1990er Jahre während einer Vortragsreise in den USA mit Network-Marketing in Berührung. Die unglaubliche Dynamik und die beruflichen Chancen, die diese Vertriebsform unternehmerisch denkenden Menschen bietet, faszinierten ihn. Zugleich erkannte er, dass Network-Marketing in Deutschland im Gegensatz zu den USA ein Schattendasein führt und neutrale, wissenschaftlich fundierte Informationen zu diesem Thema bislang fehlten. Seine vielfältigen Studien über Network-Marketing in Deutschland und Österreich bringen erstmals Licht ins Dunkel dieses Vertriebsweges und machen deutlich, was Network-Marketing wirklich ist: der Wachstumsmarkt der Zukunft mit idealen nebenberuflichen Einstiegsmöglichkeiten.

Nicht nur in Fachkreisen gilt Michael M. Zacharias heute als »Papst des Network-Marketing«. Seine Vorträge über Direktvertrieb und Network-Marketing haben ihn weit über die Grenzen des deutschsprachigen Raums hinaus bekannt gemacht. Darüber hinaus ist er ein gefragter Unternehmensberater beim Aufbau und der Steuerung von Direktvertriebssystemen. Als Gründer der *Network-Academy, Inc. Florida (USA)/Bad Kreuznach (Deutschland)*, einer Ausbildungseinrichtung für Unternehmen und selbstständige Berater im Network-Marketing, legte er den Grundstein für eine richtungweisende Institution in ganz Europa. Das von ihm initiierte *Forum Direktvertrieb*, eine Plattform und Informationsdrehscheibe für Führungskräfte von Network-Marketing-Unternehmen, will durch gemeinsame Aktionen das Image dieses dynamischen Vertriebsweges verbessern.

Michael Zacharias bricht mit alten Klischees zum Thema Network-Marketing. Eine exakte Definition des Begriffs, ein Blick auf die Historie, die Abgrenzung gegenüber illegalen Systemen und ein Vergleich mit dem Erfolgsmodell Franchising stehen am Anfang einer Fülle von Informationen, die es bislang in dieser Form noch nicht gab. Er wird erklären, wie erfolgreiche Networker arbeiten, wie ein Netzwerk aufgebaut wird, wie man Geld verdient, um welche Produkte es geht, was ein Networker tun und was er nicht tun sollte. Er stellt dar, woran man ein seriöses Unternehmen erkennt und was bei der Existenzgründung zu beachten ist, wie man an neue Kunden kommt und warum das Internet das Geschäft rasant beschleunigt.

Im Mittelpunkt seiner Ausführungen aber stehen die Ergebnisse einer bislang in Deutschland einmaligen Studie unter Networkern, die erstmals Alter, Einkommen, Zeiteinsatz, Bildung, Motivation und Zufriedenheit mit dem Beruf beleuchtet. Seine Eignung als Networker kann jeder Leser am Schluss dieses Kapitels mit einem Quick-Check testen.

Von den Besten lernen: Top-Networker haben das Wort

Im dritten Kapitel dieses Buches kommen die Praktiker zu Wort – durchweg erfolgreiche Networker an der Spitze renommierter

Unternehmen. Denn nichts ist so überzeugend wie der Erfolg. In Interviews werden sie von ihren Visionen und Zielen erzählen, ihrer Karriere, den Höhen und Tiefen des Geschäfts. Sie gewähren Einblick in ihre persönliche Geschichte des Network-Marketing. Newcomer erhalten dadurch praxisnahe und sofort umsetzbare Tipps, aber auch etablierte Networker bekommen wertvolle Anregungen, um ihrer Karriere einen Kick zu geben.

Darüber hinaus werden in Form eines praktischen Leitfadens alle für den Start und den Alltag des Networkers wichtigen Schritte angesprochen: wie er die richtige Einstellung findet, Werte und Ziele festlegt, die Kommunikation verbessert, eine Kandidatenliste erstellt, das Geschäft gekonnt präsentiert, Einwänden begegnet, eine Organisation aufbaut und die Methode des Duplizierens korrekt anwendet. Denn erst durch das Duplizieren werden Networker einen der entscheidenden Vorteile des Vertriebssystems kennen lernen: passives Einkommen. Das bedeutet, dass das System für den Networker arbeitet, während er Urlaub macht, Sport treibt oder sich um seine Familie kümmert.

Karrierekick: Wertvoller Input von Toptrainer Jörg Löhr

Erfolgreiche Networker benötigen keine besondere Ausbildung und müssen zudem keine hohen Geldsummen investieren, um es bis an die Spitze zu schaffen. Doch sie müssen ihre Persönlichkeit effektiv einsetzen können. Wie das möglich ist, erfährt der Leser im vierten Kapitel dieses Buches von Jörg Löhr. Er zählt seit Jahren zu den angesehensten und kompetentesten Erfolgs- und Managementtrainern im deutschsprachigen Raum; laut *SAT 1* ist er »Europas Persönlichkeitstrainer Nummer eins«. *Die Zeit* beschreibt ihn als »einen der erfolgreichsten Erfolgs- und Motivationstrainer der Welt«. Er betreut Spitzensportler und Nationalmannschaften und berät renommierte Unternehmen wie *Alli-*

anz, Arcor, BASF, BMW, IBM, DaimlerChrysler, Deutsche Bank, Deutsche Telekom, L'Oréal, Oracle, SAP und viele mehr.

Darüber hinaus ist er mehrfacher Bestsellerautor. Sein letztes Buch »Lebe deine Stärken« schaffte es bei *Amazon* auf Platz 1 der Bestsellerliste. Er lässt ständig neueste Erkenntnisse und Erfolgstechniken in seine Seminare einfließen und gibt diese nicht nur als Referent, sondern auch als Lehrbeauftragter der Universität Augsburg weiter.

Jörg Löhr zeigt in diesem Buch, wodurch sich der durchschnittliche Networker vom Network-Champion unterscheidet. Ein Champion, egal ob im Network-Marketing oder anderswo, kennt seine Schwächen, vor allem aber seine Talente und Stärken. Denn dauerhafter Erfolg ist nur möglich, wenn jemand so lebt, wie es seine Talente und Stärken vorgeben. An der Spitze ist nur Platz für jene, die wirklich talentiert sind und durch hartes, diszipliniertes Training ihre Stärken optimal entwickeln. Das gilt im Beruf übrigens ebenso wie im Sport. Gerade Topsportler sind ein gutes Vorbild, weil von ihnen exzellente Leistungen und messbare Spitzenresultate erwartet werden.

Nur wenn sich jemand dort verbessert, wo sein größtes Potenzial ist, kann er Spitzenleistungen erzielen. Jörg Löhr motiviert die Leser, an sich zu arbeiten und ihre Stärken zu entwickeln. Der Lohn der Mühe: mehr Erfolg, mehr Glück, mehr Lebensfreude, mehr Zufriedenheit. Tipps für die Erstellung eines persönlichen Erfolgsplans runden den Beitrag von Jörg Löhr ab.

Jetzt oder nie:
Der Zeitpunkt für Network-Marketing ist ideal

Das Buch »Network-Marketing: Beruf und Berufung« wird das enorme Potenzial dieser dynamischen Vertriebsform zeigen, untermauert mit wissenschaftlichen Daten und Fakten. Es wurde verfasst von Autoren, die das System und die im Network-Marketing tätigen Menschen aus nächster Nähe erleben, sich aber dennoch ihre Objektivität bewahrt haben. Das Ergebnis der Recherchen lässt keinen Zweifel: Network-Marketing ist das Geschäft der Zukunft. Es bietet ungeahnte Karrierechancen im Wachstumsmarkt Direktvertrieb.

Noch nie hat es eine bessere Zeit für Network-Marketing gegeben als heute. Noch nie gab es so viele Menschen, die unzufrieden und auf der Suche nach Alternativen sind. Immer mehr Menschen sehnen sich nach Freiheit, Unabhängigkeit und mehr Lebensqualität. Network-Marketing ist eine Alternative. Es bietet unternehmerisch denkenden Menschen die Chance auf einen überdurchschnittlichen Verdienst, persönliches Wachstum, mehr Selbstbewusstsein und ein besseres Leben.

Wer sich entschließt, ein besseres Leben zu führen und alte Brücken hinter sich abzubrechen, braucht Mut. Aber neue Wege eröffnen auch neue Möglichkeiten. Schon Charles de Foucauld (1858–1916), reicher Spross einer französischen Adelsfamilie und ein Frauenheld, der seine spätere Erfüllung im Priestertum fand, erkannte: »Es gibt keinen Augenblick in unserem Leben, in dem wir nicht einen neuen Weg einschlagen könnten.«

01

Network-Marketing: Wachstumsbranche der Zukunft

Auch blauer Klee bringt Glück

Wer hätte das vor 50 oder 60 Jahren geglaubt?! Network-Marketing – eine Branche mit Milliardenumsätzen? Eine Branche, die Millionen von Menschen auf der ganzen Welt eine Existenz bietet? Wohl kaum einer hätte es geglaubt. Am wenigsten wohl Carl F. Rehnborg, ein amerikanischer Forscher, der sich mit Leib und Seele der Wissenschaft verschrieben hatte, der am liebsten tüftelte und experimentierte und seine Mitmenschen mit immer neuen Ergebnissen überraschte.

Er war es, der in den 1930er Jahren den Stein ins Rollen brachte. Durch seine wissenschaftliche Neugier setzte er eine Entwicklung in Gang, die heute als Network-Marketing von sich reden macht. Doch der Reihe nach: In den Jahren 1915 bis 1927 lebte Rehnborg in China, wo er in seinem Umfeld tagtäglich die Auswirkungen mangelhafter Ernährung beobachten konnte. Rehnborg galt als Tausendsassa, der sich vom Schiffsbau bis zur Astronomie für fast alles interessierte. Es passt ins Bild, dass er schon bald die Idee hatte, für die unzureichend versorgten Menschen Nahrungsergänzungsmittel auf pflanzlicher Basis herzustellen.

Zurück in den USA, richtete er sich 1927 auf Bilbao Island in Südkalifornien ein Versuchslabor ein. Eine ehemalige Segelmacherwerkstatt war sein Refugium. Hier extrahierte, konzentrierte und pulverisierte er die verschiedensten Pflanzen und Kräuter.

Es sollte Jahre dauern, bis seine Versuche von Erfolg gekrönt waren. Schließlich gelang es ihm, auf Grundlage von Brunnenkresse, Petersilie und Luzerne, einer blauviolett blühenden Kleepflanze, die Vorläufer der heutigen Nahrungsergänzungsmittel herzustellen. Sie setzten sich aus charakteristischen Bestandteilen zusammen: einem Öl für fettlösliche Vitamine, einer Kapsel mit pflanzlichen Konzentraten und einer Mineralstofftablette. Diese Produkte gab er seinen Freunden zum Probieren.

Die Freunde waren begeistert und empfahlen die Nahrungs-ergänzungsmittel weiter. Als sie Rehnborg baten, die Produkte ihren Bekannten zu verkaufen, hatte der Wissenschaftler, der sich lieber mit Experimenten statt mit Verkauf und Vertrieb beschäf-tigte, die Lösung: Er bat seine Freunde, die Produkte selbst weiter zu verkaufen. Als Gegenleistung erhielten sie eine Provision.

Die Idee des Network-Marketing war geboren. 1934 gründete Carl F. Rehnborg eine Firma namens *California Vitamins*, brachte sein erstes Multivitamin- und Mineralstoffprodukt auf den Markt und war damit seiner Zeit um viele Jahre voraus. Als erstes Un-ternehmen ermöglichte *California Vitamins* seinen Mitarbeitern, andere Menschen als Vertriebspartner zu gewinnen und an deren Umsätzen teilzuhaben. Das war der Beginn des echten Network-Marketing, wie wir es heute kennen.

Jeder Mitarbeiter von *California Vitamins* hatte die Mög-lichkeit, das Produkt direkt an Endkunden zu verkaufen: Die Handelsspanne zwischen Einkaufs- und Verkaufspreis war sein Gewinn. Darüber hinaus hatte er die Chance, eine eigene Ver-triebsorganisation aufzubauen. Er schulte neue Vertriebspartner für den Einstieg ins Network-Marketing-Geschäft und wurde im Gegenzug mit einer Provision an deren Umsätzen beteiligt. Auf diese ebenso einfache wie geniale Weise funktioniert Network-Marketing damals wie heute überaus erfolgreich.

Jahre später wurde *California Vitamins* in *Nutrilite* umbenannt. Zwei der führenden Distributoren von *Nutrilite* schrieben Ge-schichte. Sie hatten die Vision, Menschen unabhängig von ihrer Herkunft zu helfen, ihre Ziele und Träume durch selbstständige Arbeit zu verwirklichen. Die Erfolgsgeschichte von Network-Marketing begann.

Zwischen 1979 und 1983 erlebte diese Vertriebsform einen ersten Aufschwung. Klein- und Kleinstunternehmer drängten in dieser Zeit auf den Markt und verschwanden wieder. Viele hatten nie eine wirkliche Chance. Andere hingegen bestehen noch heute und haben sich als Marktführer etabliert. Die ersten deutschen Network-Unternehmen entstanden erst in den 1980er Jahren.

In den 1990er Jahren wurde durch bessere Kommunikationsmittel wie Telefon und Fax ein wahrer Boom an neuen Network-Unternehmen ausgelöst. Mit Hilfe der Technik konnten die Firmen weltweit und in relativ kurzer Zeit neue Vertriebspartner gewinnen und große Vertriebsnetze aufbauen.

Viele dieser Network-Unternehmen überlebten allerdings die ersten zwei Jahre nicht, da sie die organisatorischen Probleme eines explosionsartigen Wachstums unterschätzten. Andere hingegen hielten sich mehrere Jahre auf dem Markt, scheiterten dann aber an mangelnder Flexibilität, um auf Marktveränderungen adäquat zu reagieren.

Heute sind die Zukunftsperspektiven für Network-Marketing besser als jemals zuvor. Nach Angaben der *World Federation of Direct Selling Associations* (WFDSA) sind derzeit knapp 55 Millionen Vertriebspartner weltweit im Direktvertrieb haupt- oder nebenberuflich beschäftigt – und täglich werden es mehr. In Kanada, Großbritannien, Deutschland, Österreich, Frankreich, Spanien, Italien behauptet Network-Marketing bereits seinen festen Platz im Direktvertrieb. In Australien, Osteuropa und ganz besonders in Südostasien sind die Netzwerke kräftig auf dem Vormarsch. Vor allem in Russland und China ist enormes Potenzial vorhanden.

Unterstützt wird diese Entwicklung durch das Internet. Es bietet eine nie da gewesene Expansionsmöglichkeit für Network-Marketing-Unternehmen. Wie sagte John Chambers, Chief Executive Officer von *Cisco Systems*, so treffend: »Durch das Internet wird die Welt zusammenrücken und das Schicksal der Menschen, Firmen und Länder wenden.« In der Verbindung von Internet und Network-Marketing sieht auch der amerikanische Bestsellerautor Burke Hedges die Chance des neuen Jahrtausends. E-Networking ist für ihn das Zauberwort, hinter dem sich das Traumgeschäft der Zukunft verbirgt:

Mit E-Networking können Sie ein exponentiell wachsendes E-Commerce-Geschäft aufbauen. Herrschaften, das ist der Hammer! Eine Bombensache! Tausende in der Welt werden aus dieser Chance ein Vermögen machen – da sollten Sie nicht fehlen! Sie sind endlich zur rechten Zeit am rechten Ort. Das Zeit-Chancen-Fenster steht weit offen. Ich fordere Sie auf, die Gelegenheit beim Schopf zu packen. Ich fordere Sie auf, Ihre Zukunft zu gestalten und Ihre Träume wahr werden zu lassen.

Franchising ohne Franchise-Lizenz

Franchising ist gut – doch Network-Marketing ist besser. Die Amerikanerin Paula Pritchard, eine ehemalige Hochschuldozentin, die jetzt an der Spitze eines Network-Unternehmens steht, erklärt es so:

Am Anfang gab es das traditionelle Geschäft, und die herrschenden Mächte sagten: »Lass es Franchising geben!« Und es gab Franchising-Geschäfte, und sie waren gut. Dann sagten die herrschenden Mächte: »Lass es Heimgeschäfte geben!« Und es gab Heimgeschäfte, und sie waren sehr, sehr gut. Es dauerte nicht lange, bis die herrschenden Mächte sagten: »Lass es Network-Marketing geben!« Und es gab Network-Marketing, und es war sehr, sehr, sehr gut – nur vielleicht etwas verwirrend.

Franchising hat den amerikanischen Markt in den letzten Jahrzehnten total verändert. Über 40 Prozent der amerikanischen Wirtschaft haben heute in irgendeiner Form mit Franchising zu tun. In Deutschland hat das Franchise-System Mitte der 1970er Jahre seinen Siegeszug angetreten. Rund 845 Franchise-Systeme gibt es derzeit in Deutschland, die pro Jahr einen Umsatz von rund fünfundzwanzig Milliarden Euro erwirtschaften.

Weil Franchise-Systeme ihren Erfolg tagtäglich unter Beweis stellen, sind sie gefragter denn je. Sie verfügen über schlüssige Konzepte und ersparen vielen Menschen, eigene Erfahrungen nach dem Prinzip »Versuch und Irrtum« zu machen. Wer ein Franchise-Unternehmen gründet, muss das Rad nicht neu erfinden. Er bekommt mit dem Franchise-Paket eine fertige Existenz, die eine gute Basis für ein eigenes Unternehmen bietet.

Erprobtes Produkt, erprobtes Vertriebssystem

Die Vorteile des Systems sind so überzeugend, dass sich immer mehr Menschen dafür entscheiden. Das Erfolgsrezept ist einfach: Man nehme ein erprobtes Produkt, ein erprobtes Vertriebs- und Schulungssystem sowie ein erprobtes Führungsteam und verbinde es mit einem bekannten Namen.

Anders formuliert: Franchising bezeichnet die Vergabe eines getesteten und erfolgreichen Geschäftskonzepts durch einen Franchise-Geber an einen Franchise-Nehmer. Der Nehmer kann dabei auf umfassende Unterstützung durch den Geber zurückgreifen. So wird ihm der Start erleichtert und der Erfolg seiner Gründung quasi garantiert. Im Gegenzug entrichtet der Franchise-Nehmer zunächst eine Franchise- oder Lizenzgebühr und muss oft in beträchtlicher Höhe investieren. Zudem bezahlt er regelmäßig einen Prozentsatz vom Umsatz, der normalerweise zwischen fünf und sieben Prozent liegt. Darüber hinaus wird mit dem Franchise-Nehmer ein zeitlich begrenzter Vertrag abgeschlossen – und für gewöhnlich auch ein Absatzgebiet vereinbart.

Als Franchising in den 1940er Jahren zum ersten Mal von der amerikanischen Autoersatzteilindustrie vorgestellt wurde, galt es als unmoralisch und unrentabel zugleich. Später erkannten die Lebensmittelketten die Vorteile dieses Vertriebsmodells, und die öffentliche Akzeptanz nahm zu. Heute ist Franchising aus dem Wirtschaftsleben nicht mehr wegzudenken. Klassische Beispiele für Franchise-Systeme sind *McDonald's, Burger King, Sunpoint, Joey's Pizza, Pro Hair, Leonardo, Foto-Quelle, Foto-Porst, Eismann, Schülerhilfe* oder *Quick-Schuh*.

Burger und Milchshakes zum Mitnehmen

Erfinder des Franchising ist der Amerikaner Ray Kroc, der die Fastfood-Kette *McDonald's* gründete. Kein anderes Fastfood-Restaurant ist bekannter, kein anderes Restaurant gibt es häufiger. Mit rund 31.000 Restaurants ist *McDonald's* in 121 Ländern dieser Erde vertreten. Wie alles begann? Es war das Jahr 1955. Damals arbeitete Ray Kroc als Verkäufer für eine Firma, die Milchshakemixer baute. Am besten verkaufte sich ein Modell, das fünf Milchshakes auf einmal mixen konnte. Viele Restaurants wollten so eine Maschine haben. Ein Restaurant in San Bernardino in Kalifornien bestellte von diesem Mixer gleich acht Stück. Verkäufer Ray Kroc war neugierig geworden. Warum brauchte das kleine Lokal in der Provinz mehr Milchshaker als jeder andere Kunde in ganz Amerika? Er fuhr nach San Bernardino, um sich das Restaurant aus der Nähe anzusehen.

Vor Ort traute er seinen Augen kaum. Die Kunden dieses Restaurants standen Schlange, obwohl nur Hamburger, Pommes Frites, Apfeltaschen und Milchshakes angeboten wurden. Ray Kroc war beeindruckt von der Geschwindigkeit. Kaum hatten die Gäste bestellt, schon standen die Burger und Milchshakes bereit zum Mitnehmen.

Ray Kroc erfand einen Plan, wie nach dem Muster dieses Restaurants in Kalifornien eine ganze Kette von Restaurants überall in Amerika entstehen sollte. Am 2. März 1955 gründete Ray Kroc gemeinsam mit den beiden Restaurantbesitzern, den Brüdern Maurice und Richard McDonald, das Unternehmen *McDonald's* – die *McDonald's Corporation*. Nur gut fünf Jahre später waren es bereits über 200 Restaurants! Weitere Fastfood-Restaurants in Europa, Australien und Asien kamen hinzu. Den Brüdern McDonald hatte Ray Kroc längst sämtliche Rechte abgekauft. Er starb im Jahr 1984, aber sein Unternehmen wächst weiter und weiter.

Ray Kroc gilt als Vater des modernen Franchising. Zwar gab es schon vor ihm verschiedene Franchise-Geber, doch wie kein anderes System symbolisiert der Burger-Brater den Siegeszug dieser Vertriebsform. Aus einem Restaurant in einem verschlafenen Provinznest ist eine global operierende Gastronomiekette mit rund 31.000 Betrieben geworden – davon drei Viertel in Franchise-Nehmer-Hand.

Das Verdienst von Ray Kroc ist es, dass er seinen Partnern nicht nur die Idee der Frikadelle zwischen zwei Brötchenhälften geliefert hat. Er sorgte auch für die richtige Einrichtung des Restaurants, die passende Werbung und eine ständige Qualitätsüberwachung der Produkte.

Das Franchising früher Zeiten sah anders aus: Gegen eine Lizenzgebühr wurde jemandem lediglich die Erlaubnis erteilt, bestimmte Rechte kommerziell zu nutzen. Zum Beispiel gestattete die Nähmaschinenfabrik *Singer* fahrenden Händlern den Vertrieb ihrer Nähmaschinen. Ein anderes Beispiel ist *Coca Cola*. Das Unternehmen gewährte fremden Abfüllern das Recht, koffeinhaltige Limonade in Flaschen zu füllen. Diese frühe Form des Franchising, die *Coca Cola* immer noch betreibt, nennt sich »Product Distribution Franchising« oder auch »Product and Tradename Franchising« – Lizenz zur Nutzung eines Produkts und der damit verbundenen Handelsmarke. So war zum Beispiel Max Schmeling Coca-Cola-Franchise-Nehmer in Deutschland.

Franchising ohne Gebühr

Im Gegensatz zu Franchising hat sich Network-Marketing erst in den letzten zehn Jahren etabliert. Dennoch steht Network-Marketing heute bei Existenzgründungen mit an vorderster Stelle. Da eine ständig wachsende Zahl von Menschen vom Arbeitsmarkt ausgeschlossen wird, steigt der Trend zur Selbstständigkeit. Network-Marketing ist für viele eine attraktive Option, denn die Zukunftsaussichten der Branche sind hervorragend.

Network-Marketing bietet wie Franchising eine fertige Existenz – nur ohne Gebühr. Viele Franchise-Geschäfte kosten ein kleines Vermögen. Das Problem ist, dass die meisten Menschen es sich nicht leisten können, ein kleines Vermögen auszugeben. Network-Marketing hingegen ermöglicht allen mitzumachen – ohne große Investitionssummen. Sie bekommen eine fertige Existenz, ein ausgereiftes Produktprogramm, einen Marketingplan, ein Logistiksystem, Schulung und Training. Sie können haupt- oder nebenberuflich einsteigen, es gibt keine Gebietsbeschränkungen, und – das Entscheidende – Sie zahlen keine Lizenzgebühr. Mit anderen Worten: Network-Marketing ist das Franchise-System für jedermann. Das Geld für eine Existenzgründung im Network-

Ähnlichkeiten mit Franchising	Vorteile gegenüber Franchising
Signifikante Marketingwerbung	Keine Franchise-Gebühren
Erprobte Produkte	Geringes oder gar kein Eigenkapitalrisiko
Erprobter Geschäftsansatz	Keine Gebietsbeschränkungen
Erprobte Schulungssysteme	Keine Einschränkung der vertraglichen Laufzeit
Bekanntheit des Namens	Keine Fixkosten, z.B. für Werbung
Zunehmende Akzeptanz	Vom Umsatz ist kein Prozentsatz an das Unternehmen zu entrichten

Marketing beläuft sich auf Bagatellbeträge, das Risiko ist minimal, die Chancen dagegen sind enorm.

Deutlicher ist es nicht zu erklären, warum sich jedes Jahr Hunderttausende für den Einstieg ins Network-Marketing entscheiden. Natürlich hat auch Franchising seine Berechtigung. Und es hat seinen Platz in der Geschichte des Network-Marketing. Denn Franchising ist es zu verdanken, dass nicht-traditionelle Geschäfts- und Vertriebsmethoden allgemein anerkannt und akzeptiert werden. Um es auf den Punkt zu bringen: Franchising hat den Weg für Network-Marketing frei gemacht.

Willkommen in der Selbstständigkeit

Früher war manches einfacher als heute: Wer einen guten Job hatte, verdiente gutes Geld. Je besser der Job, desto besser das Einkommen und desto besser das Leben. So einfach war der Plan vom Glück. Damals wie heute verbringen die Menschen Jahre und Jahrzehnte auf Schulen und Universitäten, um sich auf das Arbeitsleben vorzubereiten.

Denn der Wert eines Menschen bemisst sich oft nach seiner Arbeit. Viele tragen deshalb die Firma, für die sie arbeiten, oder ihren Beruf wie ein Etikett mit sich herum. Mit geschwellter Brust heißt es »Ich arbeite für XYZ« oder »Ich bin dies und das«. Das macht Eindruck. Die Menschen mögen schlecht bezahlt und schlecht behandelt werden, sie mögen überarbeitet und gestresst sein, aber sie werden nicht müde, ihre Firma mit dem tollen Namen zu erwähnen.

Der Job war und ist Symbol für Erfolg. Wer Karriere gemacht hat, gilt etwas. Darüber hinaus bot der Job noch bis vor wenigen Jahren existenzielle Sicherheit. Die Menschen konnten sich auf ein stetes Einkommen verlassen. Einige Industriezweige, wie zum Beispiel die Automobil- und die Stahlindustrie, oder auch der Staatsdienst gingen noch einen Schritt weiter: Der Job ist zum Job fürs Leben geworden.

Für diese Vorteile ertragen Arbeitnehmer einiges: Sie lassen sich sagen, wann sie zu kommen, wann sie zu gehen und was sie zu arbeiten haben. Sie opfern ihre persönliche Freiheit, um den vermeintlich sicheren Job nicht aufs Spiel zu setzen. Doch der sichere Job ist im 21. Jahrhundert zum Auslaufmodell geworden. Die Zeiten haben sich geändert. Heute können viele Unternehmen ihren Arbeitnehmern keine Sicherheit mehr bieten – und es ist ein großer Fehler zu glauben, sie könnten es doch.

Strukturwandel mit Folgen

Das Informationszeitalter mit neuen Technologien und einem globalen Markt ist angebrochen. Diese beiden Kräfte haben die Welt verändert. Die Kommunikation wird schneller und schneller – und damit auch der Wandel. Ein Zurück gibt es nicht. Edward Ludbrook beschreibt es in seinem Klassiker »The Big Picture« so:

Eines ist sicher, das 21. Jahrhundert wird sich vom 20. Jahrhundert gravierend unterscheiden. Um die Zukunft genießen zu können, müssen wir die sich verändernde Welt verstehen und akzeptieren. Das erlaubt uns wieder, die Verantwortung für uns zu übernehmen, die wir unbewusst den Regierungen und Firmen überlassen haben, die unser Leben kontrollierten.

Technologien und Weltmärkte haben unser Leben zwar auf vielfältige Art und Weise verbessert. Sie haben aber auch das ungeschriebene Arbeitsversprechen für immer gebrochen. Auf dem Arbeitsmarkt vollzieht sich ein Strukturwandel, der größer nicht sein könnte. Mit dramatischen Folgen – dem Verlust des sicher geglaubten Arbeitsplatzes.

Um auf den heutigen Märkten bestehen zu können, müssen die Unternehmen in allen Bereichen effizienter arbeiten, besonders im Personalbereich. Arbeit ist ein globaler Markt geworden, und ein Arbeiter in Deutschland konkurriert mit einem Arbeiter in Taiwan. Produktivität ist das Schlagwort unserer Zeit. Die zentrale Frage ist, wie viel ein Arbeiter oder ein Angestellter produziert und was er kostet. Produziert er nicht genug, wird er entlassen. Vor allem jene Arbeitnehmer, die für das Überleben einer Firma nicht absolut notwendig sind – und das sind bei weitem die meisten. Sie sind die eigentlichen Opfer dieses Strukturwandels. Ihre Positionen werden mehr und mehr vernichtet.

Situation auf dem Arbeitsmarkt

Die verheerende Bilanz: rund fünf Millionen Arbeitslose in Deutschland – und eine Besserung auf dem Arbeitsmarkt ist nicht in Sicht. Im Gegenteil: Wer heute über 40 oder gar 50 Jahre alt ist, hat kaum noch Chancen auf einen Arbeitsplatz.

Ebenso schwierig ist die Situation für Frauen, die nach Jahren der Kindererziehung in den Beruf zurückkehren wollen. Selbst vermeintlich krisensichere Branchen wie die Bankenlandschaft oder der öffentliche Dienst sind vom Personalabbau betroffen. Der Traum vom Job fürs Leben ist ausgeträumt. Wird dennoch ein neuer Arbeitsplatz geschaffen, bekommt der neue Arbeitnehmer in der Regel 25 bis 30 Prozent weniger Gehalt als sein Kollege am Schreibtisch nebenan.

Das nächste Problem steht bereits vor der Tür: die Altersversorgung. Dank des medizinischen Fortschritts steigt die Lebenserwartung. Viele Menschen werden heute 80, 90 oder 95 Jahre alt. Wird die staatliche Rente ausreichen, um 20, 30, vielleicht sogar 40 Jahre davon zu leben? Sie wird es nicht. Vor allem Menschen mit geringem Einkommen, Teilzeitarbeiter, Gelegenheitsarbeiter, Menschen, die für kleine Firmen arbeiten, und jene, die ihre Arbeit zeitweise aufgegeben haben, um sich ihrer Familie zu widmen, Arbeitslose, Kranke und Arbeitsunfähige werden das Alter in bescheidenen Lebensverhältnissen verbringen.

Network-Marketing als Alternative

Gerade diese Entwicklungen und Trends machen Network-Marketing zu einer sinnvollen und empfehlenswerten Alternative. Millionen von Menschen werden vom Arbeitsmarkt im Regen stehen gelassen und brauchen ein neues Einkommen. Um der Mühle aus Arbeitslosigkeit, Umschulung und Sozialhilfe zu entkommen, sind sie gezwungen, über die Selbstständigkeit nachzudenken.

Zu ihnen gehören Tausende von hervorragend ausgebildeten Managern der oberen und mittleren Führungsebene, zu ihnen gehören viele Selbstständige aus dem Handwerk und den freien Berufen, die mit wirtschaftlichen Schwierigkeiten kämpfen, zu ihnen gehören aber auch unzählige Leute aus dem Verkaufs- und Servicebereich, der Produktion und Fertigung. All diese Frauen und Männer sind auf der Suche nach Geschäftsideen, die überschaubar sind und ihnen die Möglichkeit bieten, ihr Leben selbst zu gestalten.

Voraussetzung ist allerdings ein Umdenken in den Köpfen. Die zentrale Frage kann nicht mehr sein: »Wo finde ich einen Job?«, sondern: »Wie komme ich zu Einkommen?«. Mit dieser neuen Einstellung werden die Menschen jeden Job und jede Arbeit in einem realistischen Licht sehen. Network-Marketing bietet ganz andere Perspektiven als ein gewöhnlicher Job. Denn im Network-Marketing ist das Einkommen prinzipiell unbegrenzt – es hängt natürlich davon ab, wie viel Arbeit und Energie investiert wird. Das entscheidende Plus von Network-Marketing aber ist eine neue Form von Lebensqualität. Die Vorstellung, sein Geschäft im eigenen Büro von zu Hause aus zu führen, ist angenehmer, als täglich von 8 bis 17 Uhr der Untergebene eines Chefs zu sein. Oder etwa nicht? Die Möglichkeiten der Telekommunikation, Internet und eine PC-Ausrüstung zu erschwinglichen Preisen unterstützen die Geschäftsgründung ebenfalls. Wer oder was sollte einen jetzt noch hindern, in die neue Wachstumsbranche der Zukunft einzusteigen?

Am schönsten ist es zu Hause

Durch Network-Marketing kommt – bildlich gesprochen – der Laden zum Kunden. Das Produkt wird erklärt, präsentiert, verkauft – meistens beim Kunden zu Hause. Damit reagiert Network-Marketing auf einen weiteren Trend, der in der Gesellschaft zu beobachten ist: Die Menschen bleiben zu Hause.

Faith Popcorn, eine der bekanntesten amerikanischen Trend- und Zukunftsforscherinnen, hat bereits Ende der 1980er Jahre bemerkt, dass die Menschen tiefe Ringe unter den Augen hatten und insgesamt recht ungesund aussahen, weil sie nach der Arbeit die Nacht durchtanzten, sich betranken und nur für einen kurzen Erholungsschlaf nach Hause gingen. Sie wagte eine Prognose: Bald würden die Menschen ihren anstrengenden Lebenswandel ändern und sich auf den Komfort ihres Hauses besinnen.

Sie sollte Recht behalten. Seit Beginn der 1990er Jahre ist ein gesellschaftlicher Trend zu beobachten, den die Forscherin in ihrem Bestseller »The Popcorn Report« als »Cocooning« bezeichnet. Es bedeutet, dass sich die Menschen am liebsten in einen Kokon einspinnen und in ihre Wohnung oder ihr Haus zurückziehen. Denn zu Hause ist es warm und sicher. Hier fühlen sie sich geborgen. Die Welt draußen wird vielfach als feindlich, erschreckend, gewalttätig und verwirrend empfunden. Die Engländer würden sagen: »My home is my castle« und meinen damit dasselbe. Eingehüllt in ihren Kokon, nutzen die Menschen die eigene Wohnung vermehrt als Lebens-, Einkaufs- und Arbeitswelt. Die Folge dieses Trends erkannte Faith Popcorn schon Anfang der 1990er Jahre:

Vertrieb wird die nächste verbraucherorientierte Revolution sein. Direktverkauf vom Hersteller an Sie – der Einzelhandel wird außen vor gelassen, keine Mittelsmänner, kein Aufenthalt auf dem Weg.

Warum sonst haben Pizzalieferservices seit einigen Jahren Hochkonjunktur? Die Menschen schätzen es, wenn die Produkte oder Dienstleistungen ins Haus kommen. Es ist einfach und sehr, sehr bequem. Network-Marketing trägt diesem Lebensstil Rechnung. Ob Wellnessprodukte, Kosmetik oder Reinigungsmittel – alles wird bis an die Türschwelle geliefert.

Keiner ist gern allein

Ein weiterer Trend ist neben »Cocooning« das »Clanning«, also das Bedürfnis der Menschen, sich in Gruppen zusammenzufinden. Jeder ist in einem bestimmten Umfeld, in einer Clique engagiert und fühlt sich dort wohl. Schon bei Kindern und Jugendlichen kann man beobachten, dass sie am liebsten in Gruppen auftreten. In der Clique sind sie stark, die Clique bestimmt, was in und out ist. Bei Erwachsenen ist es nicht anders. Nur im Familien-, Freundes- oder Bekanntenkreis fühlen sie sich wirklich wohl.

Networker denken noch einen Schritt weiter: Ist dieser Bekannten-, Freundes- oder Familienkreis nicht ein idealer Pool, um Produkte weiterzuempfehlen und neue Vertriebspartner aufzubauen? Natürlich ist er es. Die Neigung der Menschen, sich in Gruppen zusammenzufinden, erleichtert die Arbeit von Network-Marketing und birgt weitere Wachstumschancen für diese Form des Direktvertriebs.

Qual der Wahl

Auch der Einzelhandel folgt Trends, die Network-Marketing begünstigen. Einzelhandelsgeschäfte mit freundlichen, hilfsbereiten
Verkäufern werden ersetzt durch Einkaufszentren, Kaufhäuser
und Discountläden innerhalb und außerhalb der Stadt. Der Service am Kunden bleibt oft auf der Strecke. Gleichzeitig bieten
Supermärkte und Drogerieketten ein unbegrenztes Angebot an
Produkten – alle Varianten, Sorten und Modelle eines Produkts
liegen im Regal. Nur – welches ist das richtige? Der Kunde hat
die Qual der Wahl und verliert leicht die Übersicht. Er würde sich
gerne beraten lassen – nur leider gibt es dafür zu wenig Personal.
Und das ungeschriebene Gesetz, dass der Kunde König ist? Hier
jedenfalls gilt es nicht mehr.

80 Prozent Dauerkunden

Die Folge: Die erfolgreichen Unternehmen werden diejenigen
sein, denen es gelingt, ihre Kunden wirksam zu informieren. Denn
der Dreh- und Angelpunkt für eine erfolgreiche Geschäftsbezie-
hung ist ein Vertrauensverhältnis zwischen dem Kunden und dem
Verkäufer. Oder möchten Sie etwas von jemandem kaufen, dem
Sie nicht über den Weg trauen? Zugleich erwartet der Kunde eine
persönliche Ansprache und individuelle, maßgeschneiderte Angebote. Gerade der Wunsch nach individuellen Produkten rückt
immer mehr in den Vordergrund. Ebenfalls wichtig: ein vernünf-
tiges Preis-Leistungs-Verhältnis und eine dauerhafte Kundenpfle-
ge. Sie wird besonders honoriert.

All diese Faktoren sprechen eine deutliche Sprache – und zwar
für Network-Marketing. Vor allem die persönliche und individuelle Betreuung, die diese Vertriebsform mehr als jede andere
bietet, kommt den Trends im Konsumentenverhalten entgegen.
Das große Vertrauensverhältnis und die starke Bindung zwischen
Berater und Kunde beweist auch eine Studie aus Österreich, die

Bei mir bestellen Kunden überwiegend ...

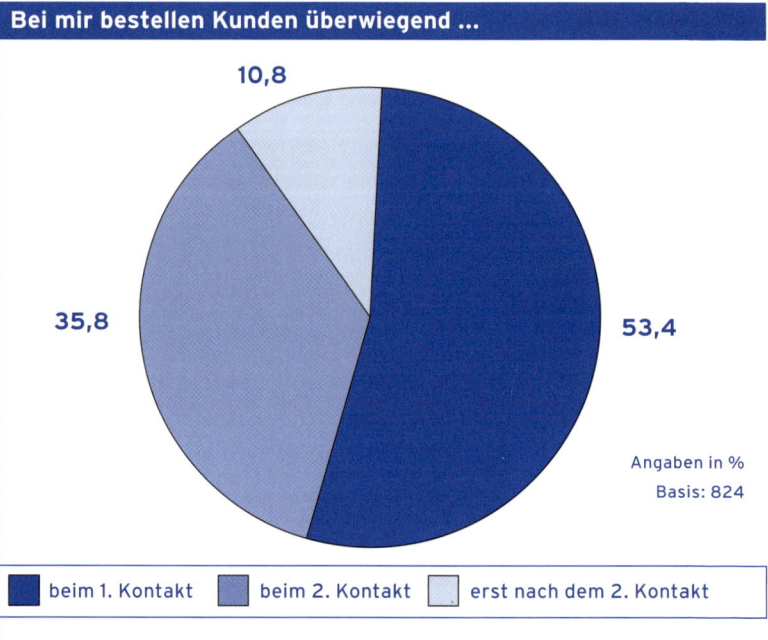

10,8

35,8

53,4

Angaben in %
Basis: 824

■ beim 1. Kontakt ■ beim 2. Kontakt ▢ erst nach dem 2. Kontakt

Meine Kunden sind überwiegend ...

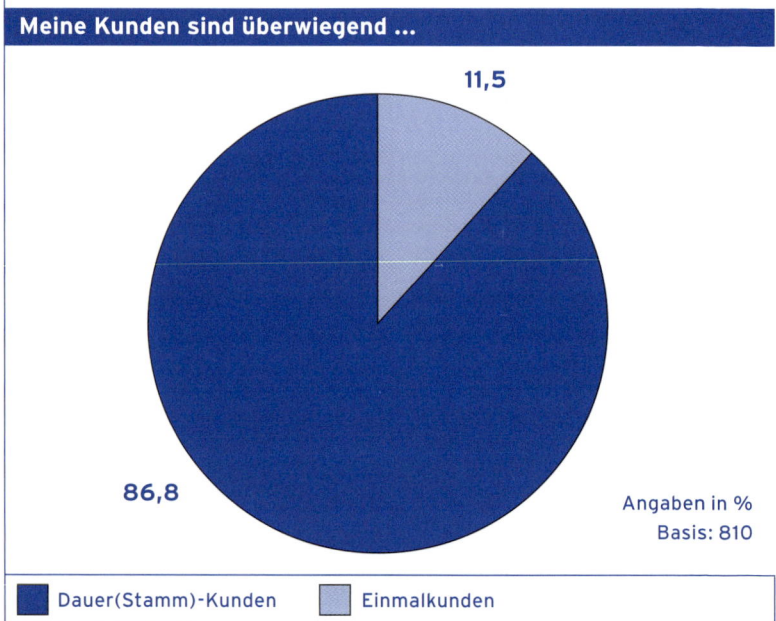

11,5

86,8

Angaben in %
Basis: 810

■ Dauer(Stamm)-Kunden ▢ Einmalkunden

Quelle: Direktvertrieb in Österreich 2004, Studie von Prof. Zacharias im Auftrag der Wirtschaftskammer Österreich, Wien, Nov. 2004

2004 im Auftrag der Wirtschaftskammer erstellt wurde. Demnach kaufen rund 53 Prozent der Kunden das Produkt bereits beim ersten Kontakt, 80 Prozent sind Dauerkunden.

Um es auf den Punkt zu bringen: Ausschlaggebend für die Kaufentscheidung der Kunden sind zu 80 Prozent emotionale Faktoren wie Sympathie und Vertrauen. Je unübersichtlicher der Markt, desto unsicherer werden die Kunden und umso wichtiger ist die Empfehlung. Der Kunde von heute erwartet Beratung und Service in einer angenehmen, privaten Atmosphäre.

Endlich frei von allen Zwängen

Bis jetzt war von Wirtschaft, Gesellschaft, Daten und Fakten die Rede. Der wichtigste Vorteil aber, den Network-Marketing bietet, ist die persönliche Freiheit und Entwicklung des Einzelnen.

Nach Faith Popcorn gehört es zu den wichtigsten Dingen des Lebens, mit sich selbst und anderen zufrieden zu sein. Doch nur die wenigsten Menschen sind wirklich zufrieden. Die renommierte amerikanische Trendforscherin muss es wissen. Oft stellt sie ihren Testpersonen so einfache und doch schwierige Fragen wie: »Sind Sie glücklich? Sind Sie zufrieden mit Ihrem Einkommen? Sind Sie zufrieden mit Ihrem Zuhause? Sind Sie in Ihrer Beziehung glücklich? Sind Sie mit sich selbst zufrieden?«

Ein besseres Leben

Tatsache ist, dass die meisten Menschen mit ihrem Leben unzufrieden sind. Sie haben hart gearbeitet, um sich das schöne Haus, das größere Auto und einen Urlaub im Ausland leisten zu können. Trotzdem fühlen sich nur wenige wirklich reicher. Die seelische Armut nimmt zu. Sich unausgefüllt zu fühlen, ist einer der vielen gesellschaftlichen Trends unserer Zeit.

Manche geben ausgezeichnete Positionen in der Großstadt auf, um in eine Kleinstadt oder aufs Land zu ziehen. Dort haben sie dann die ersehnte Zeit für sich und ihre Familie und mehr Lebensqualität. Andere nehmen Jobs an, bei denen sie eine größere innere Zufriedenheit oder persönliche Freiheit empfinden. Wieder andere machen sich selbstständig, weil sie das eigentlich schon immer machen wollten. Die Menschen des 21. Jahrhunderts wollen nicht um jeden Preis ein großes Vermögen verdienen – stattdessen wollen sie ein besseres Leben und einen besseren Lebensstil.

Selbstachtung und Selbstvertrauen

Ständige Anweisungen vom Chef, Acht-Neun-Zehn-Stunden-Tag und mehr, Gehaltsdiskussionen, Machtkämpfe und Mobbing? Vielen ist das längst zu viel. Sie würden ihren bisherigen Job nur allzu gerne gegen einen Job mit mehr Freiheit und weniger Stress eintauschen. Network-Marketing bietet die Chance dazu. Dabei ist das wichtigste Argument nicht die finanzielle Perspektive, die Network-Marketing bietet, sondern die Weiterentwicklung der eigenen Persönlichkeit.

Sicher ist Geld nützlich und gut. Doch ist nicht das allgemeine Gefühl von Glück und Zufriedenheit wichtiger als das Guthaben auf dem Bankkonto? In nur wenigen anderen Branchen wird dieses Gefühl der inneren Befriedigung in dem Maße erreicht wie bei Network-Marketing. Die Menschen lernen, auf sich selbst zu vertrauen und ein selbstbestimmtes Leben zu führen. Sie gewinnen ihre Selbstachtung zurück. Besonders Frauen entwickeln durch Network-Marketing ein enormes Selbstvertrauen. Sie lernen, Entscheidungen zu treffen und sich durchzusetzen. Sie verändern ihre Persönlichkeit und ihr Auftreten, beeindrucken durch Überzeugungskraft und Kommunikationsfähigkeit. Kurzum – sie verändern sich zum Positiven, weil sie lernen, an sich selbst zu glauben.

Zur richtigen Zeit am richtigen Ort

Das Zusammentreffen mehrerer Trends in Wirtschaft und Gesellschaft führt dazu, dass Network-Marketing gerade in Deutschland als Geschäftsidee zunehmend akzeptiert wird.

Die Rezession der Wirtschaft, steigende Arbeitslosenzahlen, das Bedürfnis der Menschen, sich zurückzuziehen, der Wunsch nach Service und Beratung beim Einkauf – all diese Faktoren werden Network-Marketing im nächsten Jahrzehnt zu einem ungeahnten Boom verhelfen. Neue Kommunikationstechnologien, globale Märkte und der Trend zur Existenzgründung beschleunigen diese Entwicklung.

Fast unbemerkt hat sich das einstige Stiefkind des Vertriebs zum Lieblingskind der Branche entwickelt. Die Vertreter mit dem Fuß in der Tür sind verschwunden. Wer heute noch ein negatives Bild von Network-Marketing hat, ist häufig nicht informiert oder will es nicht sein. Denn Network-Marketing ist eine revolutionäre Geschäftsidee. Es ist der richtige Ort für Menschen, die finanzielle Sicherheit und persönliche Freiheit suchen. Und es ist die richtige Zeit für Network-Marketing.

Timing ist alles

Fast jeder kennt die Redewendung: »Timing ist alles.« Mehr als auf jeden anderen trifft sie auf Bill Gates zu. 1975 gründete er zusammen mit seinem Freund Paul Allen die *Microsoft Corporation*. Er war damals gerade 20 Jahre alt. Er hatte kein großes Startkapital zur Verfügung. Er begann einfach in seiner Garage, Computerprogramme zu entwickeln, bis die Tasten glühten. Mag sein, dass er intelligenter ist als die meisten anderen Computerfreaks. Mag sein, dass er disziplinierter und leidenschaftlicher arbeitet als die meisten anderen. In jedem Fall aber hatte er 1975 das Glück des Tüchtigen auf seiner Seite. Er startete in der Computerbranche, kurz bevor der Aufschwung begann. Er war zur richtigen Zeit am richtigen Ort.

Bill Gates entwickelte *Windows*, das erfolgreichste Betriebssystem der Computergeschichte, und stieg zur Wirtschaftspersönlichkeit des Jahrtausends auf. Mit einem geschätzten Vermögen von 46 Milliarden US-Dollar gilt der Programmierer aus Seattle heute als der reichste Mann der Welt. Einen Teil seines Privatvermögens spendet er für wohltätige Zwecke. Bis heute hat die Stiftung von Bill und Ehefrau Melinda Gates rund 7,5 Milliarden US-Dollar zur Bekämpfung von Armut und Krankheiten zur Verfügung gestellt. Bis zu seinem Tod will Gates nach eigenen Aussagen 90 bis 95 Prozent seines Gesamtvermögens spenden.

Genauso beeindruckend ist die Karriere von Anita Roddick, eine der außergewöhnlichsten und erfolgreichsten Unternehmerinnen unserer Zeit. Weniger Geschäftssinn als vielmehr Überlebenswille war der Grund, warum sie vor 25 Jahren *The Body Shop* gründete. Die Tochter italienischer Einwanderer wuchs im südenglischen Küstenstädtchen Littlehampton auf. Ehemann Gordon kam eines Tages auf die Idee, sich einen Lebenstraum zu erfüllen und auf einem Pferd quer durch Südamerika zu reiten. Anita, die zuvor mit Gordon mehr schlecht als recht von einem kleinen Hotel und einem italienischen Restaurant gelebt hatte, musste zwei Jahre lang die Familie allein ernähren. Damals entstand die Idee, ein Kosmetikgeschäft aufzumachen – mit Produkten, die aus natürlichen Inhaltsstoffen bestehen und auf aufwändige Verpackungen verzichten.

Als sie 1976 den ersten, bescheidenen Laden in Brighton eröffnete, wurden die staunenden Kundinnen mit exotischen Produkten konfrontiert: Seetang-Birken-Shampoo, Weißdorn-Handcreme oder Kakaobutter-Bodylotion – und das alles in einfachen, nachfüllbaren Plastikfläschchen. Die Käuferinnen fanden Gefallen an den etwas anderen Kosmetika, dem kleinen Laden in Brighton folgte ein weiterer in der Kleinstadt Chichester.

Und dann kam Gordon von seinem Südamerika-Trip mit der Franchising-Idee zurück. Das Geschäft expandierte gewaltig. Überall entstanden plötzlich Body Shops – betrieben von Jungunternehmern, die ihr Geschäft selbst finanzierten, aber Produkte und Ladenausstattung von der Londoner Firma erhielten. Im vergangenen Jahr betrug der Umsatz der Franchising-Kette weltweit 800 Millionen US-Dollar.

Einstieg zum Aufschwung

Anita Roddick war, wie die meisten erfolgreichen Geschäftsleute, zur richtigen Zeit am richtigen Ort. Kosmetik auf Basis von Naturprodukten lag im Trend. Timing ist alles. Geschäftsleute engagieren sich idealerweise in einer Branche, wenn der Aufschwung kurz bevorsteht, das heißt zu Beginn der Wachstumsphase. Denn den Gesetzen des Geschäftslebens folgend gliedert sich der Konjunkturzyklus in vier verschiedene Phasen: in die Phase der Entwicklung, des Wachstums, der Reife und der Erneuerung.

Die Entwicklungsphase ist am schwierigsten. Sie ist die Phase der Pioniere, der Hartnäckigen, der Selbststarter und Visionäre, die darauf vorbereitet sind, Schläge einzustecken, Niederlagen und Ablehnung zu verkraften.

Die Wachstumsphase kommt, wenn die Unternehmen Morgenluft wittern und die Zeiten gut genug sind, um in die Branche einzusteigen. Die harte Arbeit, eine anerkannte Branche zu etablieren, ist getan. Die Impulse sind gesetzt.

Die Reife ist die Phase, in der die meisten Leute in eine Branche eintreten, weil sie sicher ist, sie ist akzeptiert und stabil.

Die Erneuerungsphase tritt dann ein, wenn neue Ideen, Systeme und Technologien in der Branche auftauchen. Damit beginnt eine neue Entwicklungsphase des nächsten Konjunkturzyklus.

Network-Marketing wird boomen

Die beste Zeit, in ein Geschäft einzusteigen, ist zu Beginn der Wachstumsphase des Konjunkturzyklus. Bill Gates hat seine Microsoft Corporation nicht zur Geburtsstunde der Computerbranche gegründet, sondern als der Boom gerade begann. Auch bei Network-Marketing steht der Aufschwung in Europa, besonders im deutschsprachigen Raum, kurz bevor. Genau jetzt ist der richtige Zeitpunkt, um in diese Trendbranche einzusteigen. Denn so viel ist sicher: Network-Marketing wird boomen.

Network-Marketing hat die Phase der Entwicklung bereits hinter sich. Man hat sich mehr als einmal über dieses Vertriebssystem lustig gemacht, es angegriffen und die Menschen, die dafür arbeiten, nicht ernst genommen und belächelt. Doch ganz allmählich, still und leise hat sich das Blatt gewendet.

Der Direktvertrieb und seine Variante Network-Marketing haben sich einen Platz in der vordersten Reihe der Vertriebssysteme erobert. Das Aschenputtel von einst geht als Prinzessin mit auf den Ball und nimmt sich sein Stück vom großen Kuchen. Es erregt Aufmerksamkeit, und man beginnt, es mit anderen Augen zu sehen. Network-Marketing hat Interesse geweckt. Die Akzeptanz in der Öffentlichkeit steigt Schritt für Schritt. Verstärkte Aufklärungsarbeit und Medienberichte tragen weiter zum Imagewandel bei. Natürlich wird es immer und überall Menschen geben, die Network-Marketing skeptisch beurteilen. Und wenn schon. Wie sagte doch Cicero (106–43 v. Chr.), der große Philosoph: »Sie verdammen, was sie nicht verstehen.«

Die Fakten schwarz auf weiß

Der Vormarsch von Direktvertrieb und Network-Marketing ist nicht mehr zu stoppen. Wissenschaftliche Daten und Fakten belegen dies eindrucksvoll. Im Gegensatz zum Einzelhandel konnte der Direktvertrieb in den letzten 15 Jahren einen kontinuierlichen Zuwachs verzeichnen.

Situation weltweit

Weltweit ist der Umsatz von rund 33 Milliarden US-Dollar im Jahr 1988 auf rund 98 Milliarden US-Dollar im Jahr 2004 angestiegen, die Zahl der im Direktvertrieb tätigen Menschen von 8 Millionen auf 55 Millionen.

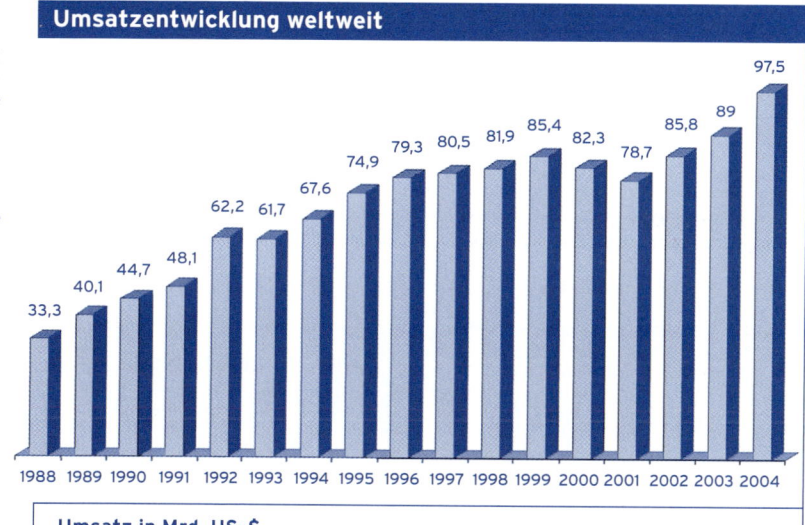

Umsatzentwicklung weltweit

Quelle: World Federation of Direct Selling Associations, 2005

Umsatz in Mrd. US-$

1988	1989	1990	1991	1992	1993	1994	1995	1996	1997	1998	1999	2000	2001	2002	2003	2004
33,3	40,1	44,7	48,1	62,2	61,7	67,6	74,9	79,3	80,5	81,9	85,4	82,3	78,7	85,8	89	97,5

In Europa

In Europa konnte der Gesamtumsatz im Direktvertrieb in den Jahren 1995 bis 2004 von 6,3 Milliarden Euro auf 9,9 Milliarden Euro gesteigert werden. Die Zahl der Geschäftspartner stieg von

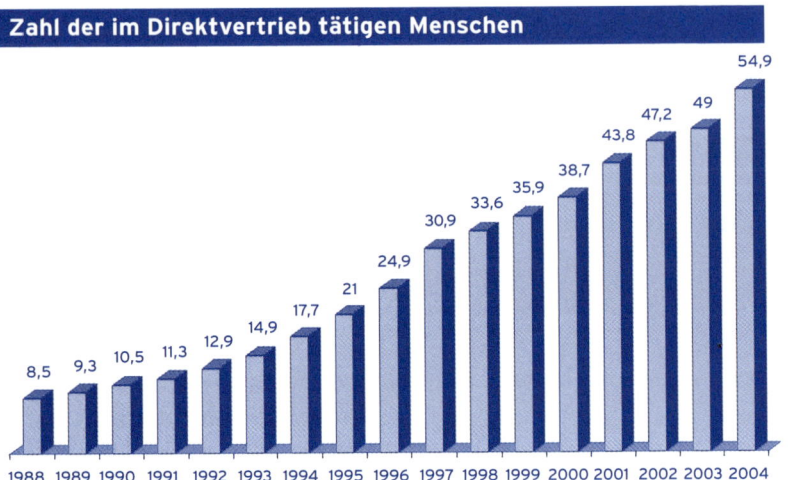

Zahl der im Direktvertrieb tätigen Menschen

Zahlen in Mio.

Quelle: World Federation of Direct Selling Associations, 2005

1,9 auf 6,2 Millionen. Bei den Produkten stehen Nahrungsergänzungs-, Körperpflege- und Reinigungsmittel an vorderster Stelle, gefolgt von Produkten aus den Bereichen Wellness, Freizeit, Haushalt, Schmuck und Dienstleistungen.

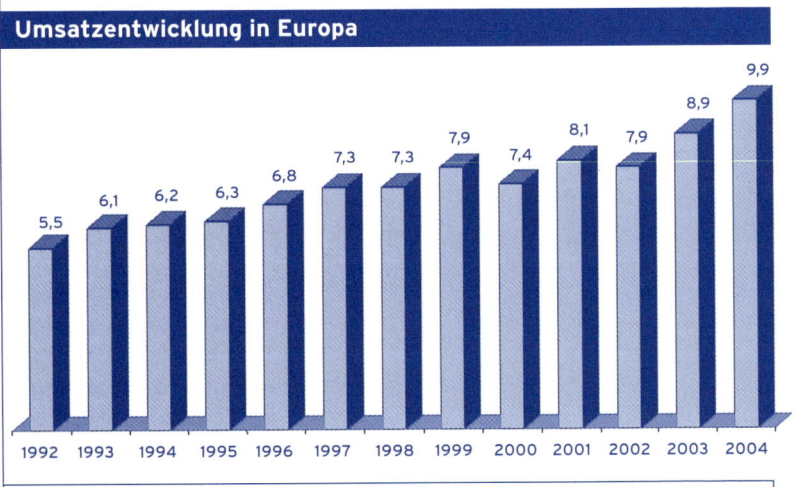

Umsatzentwicklung in Europa

Umsatz in Mrd. €

Quelle: World Federation of Direct Selling Associations, 2005, nur Mitglieder

Quelle: World Federation of Direct Selling Associations, 2005, nur Mitglieder

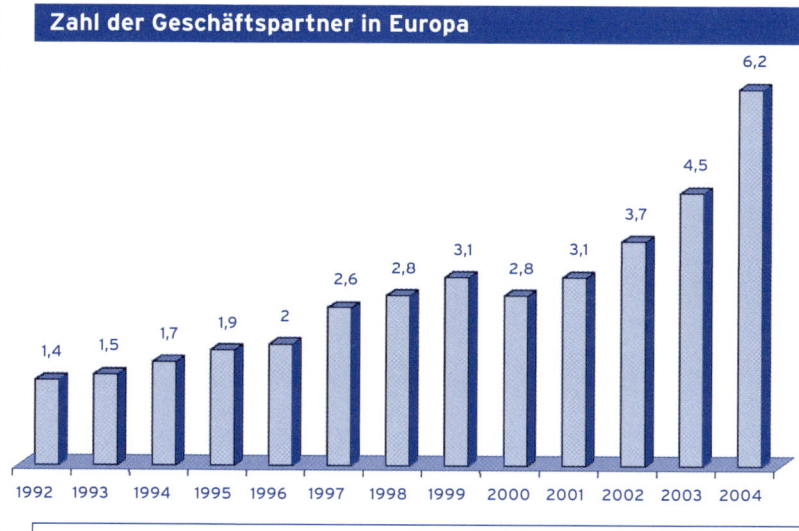

Zahl der Geschäftspartner in Europa

Werte: 1,4 (1992), 1,5 (1993), 1,7 (1994), 1,9 (1995), 2 (1996), 2,6 (1997), 2,8 (1998), 3,1 (1999), 2,8 (2000), 3,1 (2001), 3,7 (2002), 4,5 (2003), 6,2 (2004)

Zahlen in Mio.

Amerika und Asien sind Vorreiter im Network-Marketing. Fast jede zweite Existenz wird in dieser Branche gegründet. In Europa steht Network-Marketing erst am Anfang seiner Entwicklung. Während hier noch weniger als fünf Prozent des Warenhandels über Network-Marketing bewegt werden, sind es in den USA und einigen asiatischen Ländern zwischen 12 und 20 Prozent.

Bemerkenswert ist auch der Umsatzanteil von Network-Marketing am Gesamtumsatz des Direktvertriebs. Er beträgt zurzeit in Deutschland 25 Prozent, in England etwa 30 Prozent und in den USA bereits 75 Prozent. Was bedeutet, dass in den USA rund drei Viertel der Vertriebspartner auf Network-Marketing setzen.

In Deutschland

Untersuchungen in Deutschland bestätigen diese Entwicklung. Die großen, umsatzstarken Network-Unternehmen sind nach wie vor in den USA zu Hause, aber auch deutsche Unternehmen entdecken Network-Marketing zunehmend als reizvolle Alternative

Ich vertrete folgende Branchen ...

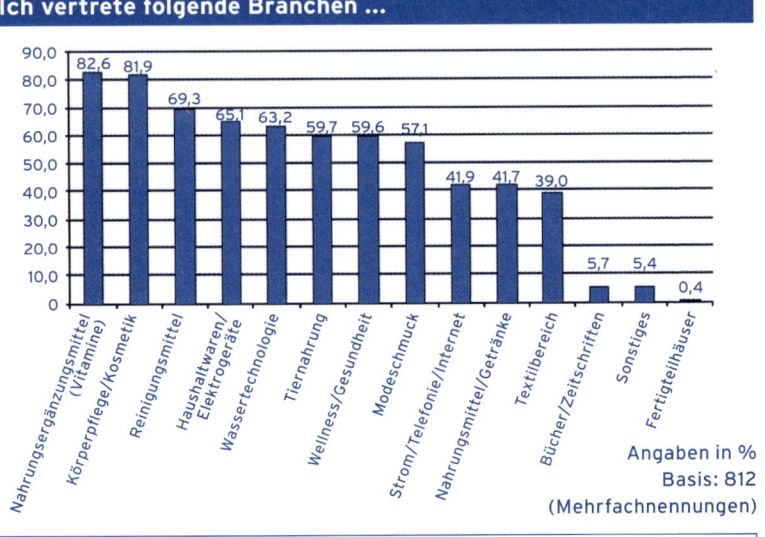

Angaben in %
Basis: 812
(Mehrfachnennungen)

Branche

zum bisherigen Vertrieb. Ein weiteres Merkmal von Network-Marketing ist Internationalität. Bereits 25 Prozent der befragten deutschen Unternehmen sind in mehr als zehn Ländern vertreten und bieten ihren Vertriebspartnern die Möglichkeit, auf internationalem Parkett zu agieren.

Die Vertriebsnetze in Deutschland sind noch im Aufbau. Zwar verfügen viele große Unternehmen über mehr als 50.000 selbstständige Berater (Partner), doch die Mehrheit hat gegenwärtig noch weniger als 1.000 Berater (Partner) unter Vertrag. Grund dafür ist die große Zahl sehr junger Network-Unternehmen, die gerade erst den Einstieg in die Branche gewagt haben.

Network-Marketing ist in Deutschland im Begriff sich zu etablieren und wird in den folgenden Jahren große Zuwachsraten erzielen. Insgesamt lag der Umsatz im Jahr 2004 bei geschätzten 2,5 Milliarden Euro. Entscheidend ist allerdings das zweistellige Umsatzwachstum von Network-Marketing im Vergleich zur Stagnation des Umsatzes im traditionellen Einzelhandel.

Quelle: Direktvertrieb in Österreich 2004, Studie von Prof. Zacharias im Auftrag der Wirtschaftskammer Österreich, Wien, Nov. 2004

Auch die Verbraucher nutzen den Direktvertrieb gerne zum Einkauf. Nach einer Studie des Bundesverbands Direktvertrieb kauft in der Bundesrepublik jeder zweite Haushalt mindestens einmal pro Jahr ein Produkt von einem Unternehmen aus der Branche. Das geht aus einer Repräsentativerhebung unter Bundesbürgern hervor. Dabei ist die Marken- und Firmentreue der Verbraucher extrem hoch: 77 Prozent sind Stammkunden. Die Struktur der Kunden entspricht in ihren soziodemographischen Merkmalen den Merkmalen der Gesamtbevölkerung. Das heißt, die Kunden kommen aus allen Schichten und repräsentieren einen Querschnitt der Bürger.

Bemerkenswert ist auch, dass es zwischen dem, was der Verbraucher sagt, und dem, was er tut, einen Unterschied gibt. Denn die öffentliche Meinung zum Thema Direktvertrieb bzw. Network-Marketing ist in Deutschland noch immer neutral bis teilweise

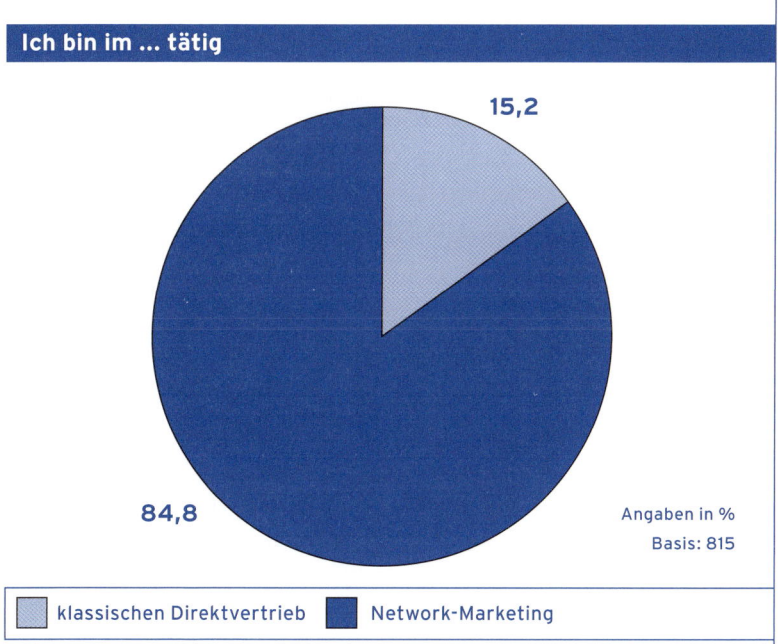

Ich bin im ... tätig

15,2

84,8

Angaben in %
Basis: 815

klassischen Direktvertrieb ■ Network-Marketing

negativ, das Interesse an den Produkten und der Einkaufsmöglichkeit aber durchaus positiv.

In Österreich

Österreich bildet eine Ausnahme unter den europäischen Ländern. Hier ist Network-Marketing besonders stark vertreten und hat bereits enormes Wachstum erreicht. Seine Bedeutung im wirtschaftlichen und gesellschaftlichen Leben ist vergleichbar mit der von Network-Marketing in den USA. Bezeichnend ist auch, dass Österreich als einziges Land in Europa eine eigenständige Interessenvertretung für die im Direktvertrieb tätigen Menschen hat. Die Berater oder Warenpräsentatoren, wie sie hier genannt werden, sind in der Wirtschaftskammer Österreich organisiert.

Eine umfangreiche Studie im Auftrag der Kammer über die Warenpräsentatoren bietet interessante Einblicke. So arbeiten rund 85 Prozent der im Direktvertrieb tätigen Menschen in der dynamischen Form des Network-Marketing. Dieser hohe Anteil überrascht. Österreich übertrifft damit amerikanische Werte.

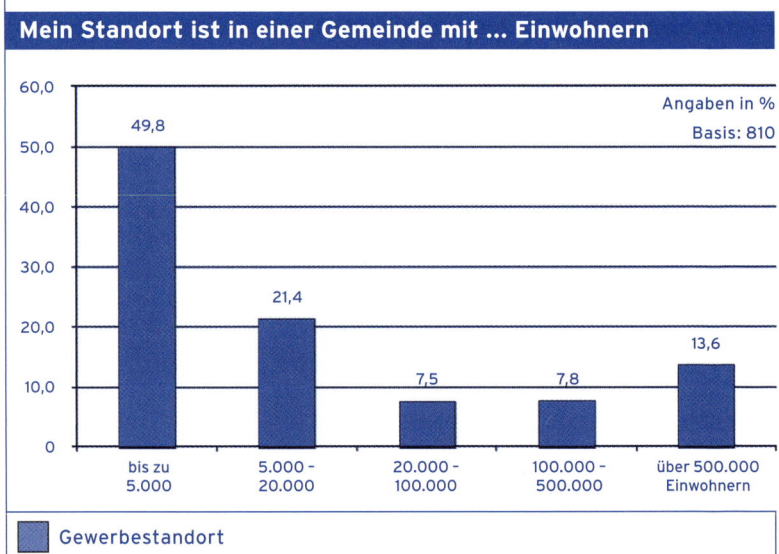

Mein Standort ist in einer Gemeinde mit … Einwohnern

Angaben in %
Basis: 810

Gewerbestandort

Mehr als ein Viertel der Warenpräsentatoren (28 Prozent) ist hauptberuflich tätig. Auch diese Zahl ist im Vergleich zu internationalen Studien relativ hoch. Zudem sind die österreichischen Berater offenbar im Kundengespräch sehr erfolgreich: Mehr als die Hälfte der Kunden (53 Prozent) bestellt bereits beim ersten Kontakt, 36 Prozent bestellen beim zweiten. Dies ist ein Indiz dafür, dass Network-Marketing in weiten Teilen der Bevölkerung akzeptiert ist. Entsprechend hoch ist auch die Kundenbindung: 87 Prozent der Kunden sind Stammkunden.

Zudem haben in Österreich verstärkt Frauen diesen Vertriebsweg als neues und interessantes Berufsfeld entdeckt. Ihr Anteil ist in den letzten Jahren von 46,5 auf 59,7 Prozent gestiegen. Diese Frauen und auch die Männer sind vor allem in ländlichen Regionen tätig.

Die Hauptmotive für eine Tätigkeit im Network-Marketing sind ein Zusatzeinkommen, Überzeugung vom Produkt und die Möglichkeit, von zu Hause aus arbeiten zu können.

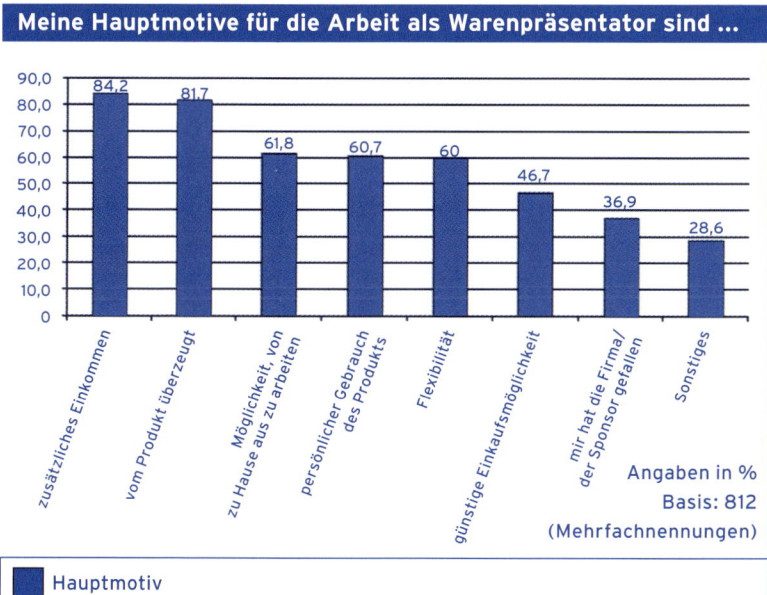

Meine Hauptmotive für die Arbeit als Warenpräsentator sind ...

Angaben in %
Basis: 812
(Mehrfachnennungen)

■ Hauptmotiv

Quelle: Direktvertrieb in Österreich 2004, Studie von Prof. Zacharias im Auftrag der Wirtschaftskammer Österreich, Wien, Nov. 2004

Die Studie über den Direktvertrieb in Österreich zeigt, dass sich die Warenpräsentatoren über hohe Anerkennung und Akzeptanz bei ihren Kunden freuen können. Das oft kolportierte negative Image dieses Berufszweigs hat sich in Österreich bereits gewandelt. Ein weiteres Ergebnis der Studie: Der Beruf des Warenpräsentators ist für dynamische Unternehmerinnen und Unternehmer äußerst attraktiv und wird zielstrebig verfolgt.

Die Zukunft des Network-Marketing

Allen Werbemaßnahmen zum Trotz: Kaufentscheidungen beruhen zu 80 Prozent auf emotionalen Faktoren wie Sympathie und Vertrauen und nur zu 20 Prozent auf Fakten. Persönliche Empfehlungen und Mundpropaganda sind immer öfter das entscheidende Kriterium, ob der Kunde kauft oder nicht.

Durchblick im Wirrwarr

Je unübersichtlicher der Markt, desto unsicherer ist der Kunde, und umso wichtiger ist die Empfehlung. Diese Entwicklung wird auch die Entwicklung von Network-Marketing weiter fördern. Der Kunde erwartet Service und Beratung im Wirrwarr der Produktvielfalt. Die enorme Werbeflut mit Briefkästen voller Prospekte, Telefonmarketing, E-Mail- und Internetwerbung tut ein Übriges. Die Verbraucher fühlen sich überfordert. Was sie möchten, ist einfach mehr Aufmerksamkeit und persönliche Beratung durch vertrauenswürdige Personen – und das möglichst in der angenehmen Atmosphäre des eigenen Heims.

In Zeiten von Supermarktketten und Discountläden werden die Produkt- und Preisunterschiede immer geringer. Es zählt immer weniger, was verkauft wird – viel entscheidender ist heute, wie etwas verkauft wird. Da der Vertrieb über Network-Marketing die Kundenbindung stark fördert, sind Wiederkaufraten von über 80 Prozent keine Seltenheit.

Darüber hinaus hat sich das Konsumverhalten der Verbraucher in den vergangenen Jahren geändert. Immer mehr Menschen kaufen bequem von zu Hause aus ein, sei es per Internet oder per Katalog. Auch Lebensmittel werden immer häufiger bis zur Haustür gebracht.

Keinen Spaß am Job

Die schlechte Konjunktur belastet die traditionellen Unternehmen. Besonders der Einzelhandel hat zu kämpfen. Die Zahl der Insolvenzen ist hoch. Konzerne verlagern ihre Produktion in Niedriglohnländer. Die Kunden sind informierter und kritischer als früher und geben ihr Geld bewusster aus. Große Supermärkte zwingen die Preise nach unten. Immer weniger Unternehmen sind in der Lage, sich gegenüber der internationalen Konkurrenz, vor allem aus Billiglohnländern, zu behaupten. Personalkosten werden reduziert, und die Belastung des Einzelnen steigt.

Andererseits ist die Motivation deutscher Arbeitnehmer auf dem Nullpunkt. Nur fünf Prozent sind zufrieden an ihrem Arbeitsplatz und fühlen sich wohl. Weitere zehn Prozent sehen keinen Anlass zum Jobwechsel. Alle anderen denken über einen Wechsel nach oder planen ihn. Das hat eine Online-Umfrage des Internetstellenmarkts *Monster* ergeben. Network-Marketing ist in diesen Zeiten für viele eine willkommene Alternative.

Es bietet die Chance, nebenberuflich einzusteigen und den Nebenberuf später zum Hauptberuf zu machen. Und es eröffnet dem Einzelnen die Möglichkeit, sich ein eigenes Geschäft aufzubauen – fast ohne Kapital und ganz ohne Risiko. Da der Berater ausschließlich für sich selbst arbeitet, ist die Motivation hoch, das eigene Geschäft erfolgreich zu betreiben. Er ist in der Regel gut über seine Produkte informiert und berät seine Kunden gerne.

Zudem fördert das ausschließlich umsatz- und damit leistungs-orientierte Einkommen das Engagement. Denn trotz herausragender finanzieller Perspektiven ist auch im Network-Marketing ein hohes Einkommen nur durch Fleiß, Ausdauer und ein großes Maß an Selbstdisziplin zu erzielen.

Network per Internet

Die meisten großen Network-Unternehmen sind international tätig und ermöglichen ihren Beratern, ein internationales Geschäft aufzubauen. Das Internet treibt diese Entwicklung mit immer größerer Geschwindigkeit voran. Schon vor vielen Jahren erkannte Bill Gates:»Innovative Firmen werden Internetleistungen und persönlichen Kontakt in Programmen vereinen, die ihren Kunden die Vorteile beider Interaktionsarten bieten.« Internet und Network – zwei Geschäftsideen verbinden sich hier zu einer wunderbaren Ehe mit weitreichenden Folgen. Die Welt wächst zusammen. Vom Schreibtisch aus können Geschäfte am anderen Ende der Erde abgewickelt werden. Alle Grenzen werden gesprengt. Das neue Zeitalter eröffnet Möglichkeiten, von denen unsere Großeltern noch nicht einmal zu träumen gewagt haben. Network-Marketing wird zu einem globalen Geschäft mit glänzenden Perspektiven.

Beste Zukunftschancen

Die vielen Vorteile von Network-Marketing werden dazu führen, dass sich immer mehr Menschen sowohl in Europa als auch weltweit dafür interessieren und das rasante Wachstum dieses Vertriebssystems weiter vorantreiben. Die These lautet deshalb:

Der Direktvertrieb und dabei insbesondere die dynamische Variante des Network-Marketing werden zum Wachstumsmotor Nummer eins im Konsumgütervertrieb. Sie stellen die Erfolge des Franchise-Systems in den Schatten, da Network-Marketing die gesellschaftlichen Trends erfüllt.

Und noch eines ist sicher: Network-Marketing wächst schneller als der traditionelle Direktvertrieb. Für diejenigen, die sich im Network-Marketing engagieren, gelten folgende Erfolgsfaktoren:

→ Seriöse Geschäftspraktiken
→ Umsatzgenerierung als zentrale Aufgabe
→ Systematischer Aufbau von stabilen Kunden- und Vertriebsstrukturen
→ Information der Öffentlichkeit über diesen Vertriebsweg

Die Vorteile von Network-Marketing werden viele Menschen veranlassen, die Chance beim Schopf zu ergreifen und einzusteigen. Unentschlossene mögen die Worte des amerikanischen Philosophen Henry David Thoreau (1817–1862) bedenken: »Gehe vertrauensvoll in Richtung deiner Träume. Lebe das Leben, das du dir vorstelltest.«

Geschäft von Mensch zu Mensch

Der Nachbar weiß es genau: Der Italiener um die Ecke hat die beste Pizza, die er je gegessen hat. Der Abend in dem kleinen italienischen Restaurant war wundervoll, und gleich am nächsten Morgen erzählt er es dem Hausbewohner von gegenüber.

Damit macht der Nachbar nichts anderes als Network-Marketing. Denn diese Vertriebsform lebt von Empfehlungen. Eigentlich macht es fast jeder jeden Tag. Man schwärmt vom letzten Urlaubsort, lobt die kompetente Beratung eines Versicherungsvertreters, empfiehlt einen guten Handwerker oder weiß genau, welcher Flachbildschirm das beste Bild liefert.

Jeder hat schon aus Begeisterung über ein gutes Produkt oder eine Top-Dienstleistung die Werbetrommel gerührt. Deshalb wird Network-Marketing auch als Empfehlungsmarketing bezeichnet: Menschen sind von einem Produkt begeistert und empfehlen es anderen weiter.

Die persönliche Empfehlung tritt an die Stelle des klassischen Vertriebsweges. Denn im Network-Marketing gelangen die Produkte vom Hersteller über selbstständige Vertriebspartner (Berater) direkt zum Kunden. Es gibt keine Großhändler, keine Zwischenhändler und keine Werbekosten. Dadurch werden viel Zeit und noch mehr Geld eingespart.

Stagnation im Einzelhandel – Boom im Direktvertrieb

Der klassische Vertriebsweg für Produkte sieht in der Regel anders aus: keine Empfehlung, wenig Beratung, noch weniger zwischenmenschliche Gespräche. Stattdessen werden die Produkte vom Hersteller an den Großhandel geliefert, der sie an den Einzelhandel verteilt. Der Kunde findet die Produkte dann im Regal seines Einzelhandelsgeschäfts – von der Sonnencreme über die Jeans bis zum Staubsauger. Er kauft oder er kauft nicht. Immer öfter kauft er nicht. Die Umsätze im Einzelhandel stagnieren oder sind rückläufig. Nach einer aktuellen Studie der *Universität Essen* befindet sich der deutsche Einzelhandel in einer fundamentalen und strukturellen Krise. Der Anteil des Einzelhandels am gesamten privaten Konsum ist seit 1992 von mehr als 40 Prozent auf heute 30 Prozent gesunken.

Die Gründe dafür lassen sich im Wesentlichen auf drei Faktoren reduzieren: Die Beratung des Kunden im Einzelhandel nimmt immer mehr ab. Um im Fachjargon zu sprechen: Personal wird durch Fläche ersetzt. Zudem verkaufen die großen Handelsketten fast überall die gleichen Produkte, die Sortimente sind standardisiert. Schließlich verschlingen Werbe- und Marketingaktivitäten einen Großteil des Etats, für die Entwicklung innovativer Pro-

dukte bleibt kaum Geld. Große Teile des Einzelhandels büßen dadurch an Attraktivität ein und erhalten prompt die Quittung: Die Kunden bleiben aus.

Der klassische Vertriebsweg für Konsumgüter

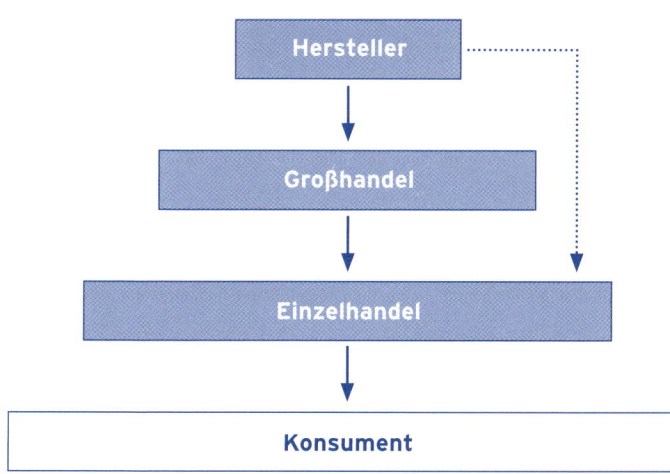

Klassische Direktvertriebsorganisation

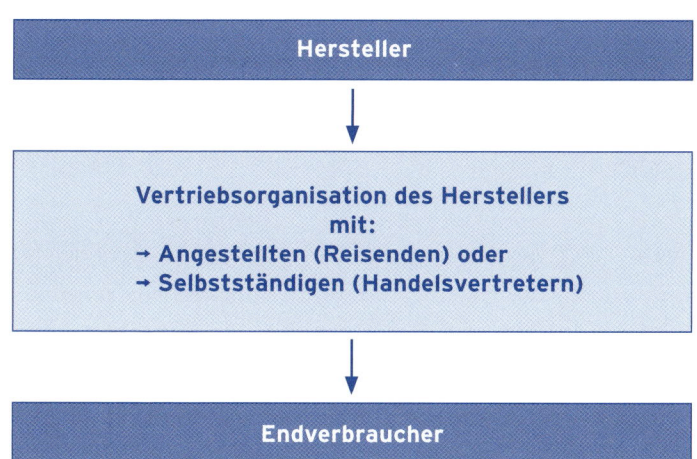

Umsatzentwicklung im Direktvertrieb 1994-2003

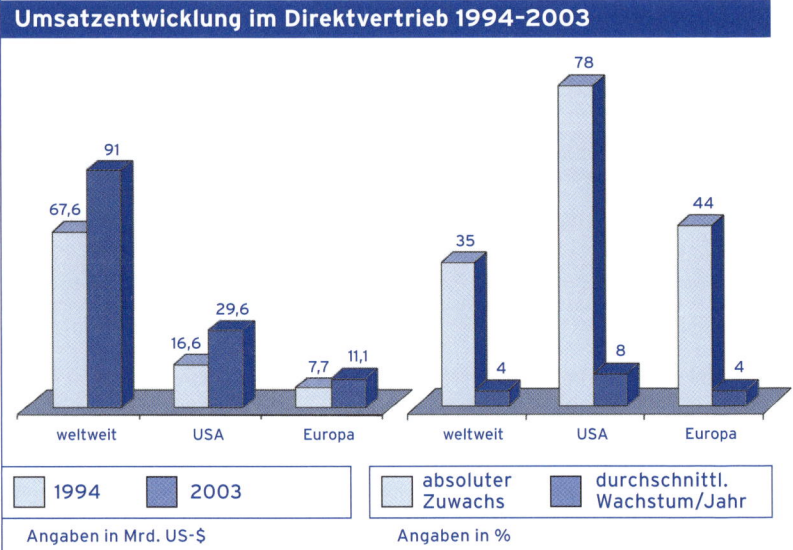

	1994		2003

Angaben in Mrd. US-$

	absoluter Zuwachs		durchschnittl. Wachstum/Jahr

Angaben in %

Entwicklung der Vertriebspartner im Direktvertrieb 1994-2003

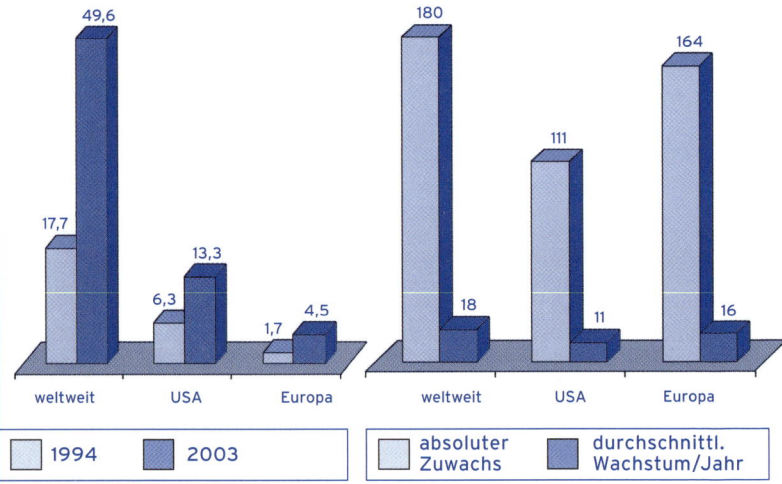

	1994		2003

Angaben in Mio.

	absoluter Zuwachs		durchschnittl. Wachstum/Jahr

Angaben in %

Quelle: Prof. Dr. Michael Zacharias, FH-Worms April 2005, zusammengestellt auf Basis der Daten von WFDSA, DSA, FEDSA

Im Gegensatz dazu erlebt der Direktvertrieb einen ungeahnten Boom. Sowohl die Umsätze als auch die Anzahl der Mitarbeiter haben in den letzten zehn Jahren Rekordhöhe erreicht. Studien belegen dies eindrucksvoll: So wurden rund um den Globus im Jahr 2004 annähernd 98 Milliarden US-Dollar im Direktvertrieb umgesetzt. In Europa waren es 2004 rund 9,9 Milliarden Euro, in Deutschland 2,5 Milliarden Euro. Dabei handelt es sich lediglich um die Umsätze derjenigen Unternehmen, die Mitglied der jeweiligen Landesverbände Direktvertrieb sind. Tatsächlich kann man von wesentlich höheren Umsätzen ausgehen.

Kein Durcheinander mehr

Was aber genau bedeutet Direktvertrieb? Im öffentlichen Sprachgebrauch werden die Begriffe und Definitionen von Direktvertrieb, Strukturvertrieb, Network-Marketing und Multi-Level-Marketing (MLM) oft verwechselt. In Anlehnung an die internationalen Verbände lässt sich Direktvertrieb wie folgt definieren:

Als Warenhandels- und Dienstleistungsdirektvertrieb wird der Verkauf bzw. die Vermittlung von Waren und Dienstleistungen an Konsumenten/Verbraucher bezeichnet, vornehmlich im Bereich einer Privatwohnung, am Arbeitsplatz oder an anderen Orten außerhalb ständiger Geschäftsräume nach persönlicher Beratung und Vorführung durch einen Vertriebsmitarbeiter.

Network-Marketing, Multi-Level-Marketing und Strukturvertrieb werden synonym verwendet und unter dem Begriff Network-Marketing zusammengefasst. Er gilt als der modernste Begriff unter den dreien.

Network-Marketing – die dynamischste Form des Direktvertriebs

Network-Marketing ist die dynamischste Form des Direktvertriebs. Der Vertriebspartner kauft Produkte zum Einkaufspreis beim Hersteller und verkauft sie zum Verkaufspreis an den Endkunden. Die Handelsspanne beträgt im Schnitt 30 bis 40 Prozent.

Die andere Möglichkeit: Er vermittelt als Handelsvertreter oder Kommissionär die Produkte des Herstellers und erhält dafür eine Provision. Darüber hinaus hat der Vertriebspartner die Chance, sich ein Netzwerk von neuen Vertriebspartnern aufzubauen. Dadurch entstehen zunächst einzelne, im Laufe der Zeit vielstufige Vertriebslinien (Downlines).

Network-Marketing-Organisation

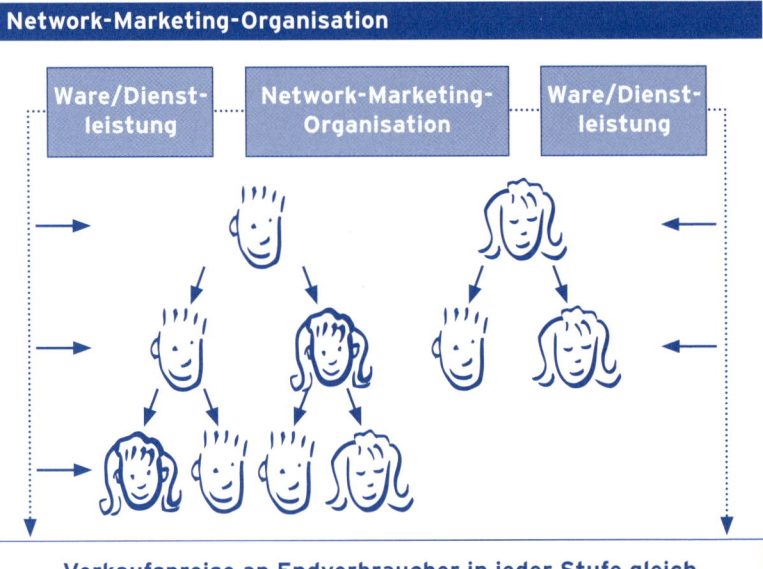

Ware/Dienstleistung Network-Marketing-Organisation Ware/Dienstleistung

Verkaufspreise an Endverbraucher in jeder Stufe gleich

Am Umsatz seiner geworbenen (gesponserten) Vertriebspartner wird der Networker durch Provisionen beteiligt, deren Höhe im Marketingplan des jeweiligen Unternehmens festgelegt ist. So kommt der Networker in den Genuss eines passiven Einkommens, das entsprechend zur Größe seines Vertriebsnetzes wächst.

Was bedeutet: Das finanzielle Potenzial von Network-Marketing ist fast grenzenlos. Denn bei entsprechendem Einsatz kann das eigene Vertriebsnetz landesweite, ja sogar länderübergreifende Dimensionen annehmen.

Die Palette der Produkte oder Dienstleistungen ist groß: Sie umfasst Reinigungsprodukte, Haushaltswaren, Dessous, Produkte aus dem Bereich Wellness, Tiernahrung, Staubsauger, Bügelsysteme, Kerzen, Kosmetik, Aloe-vera-Produkte, Finanzdienstleistungen und, und, und. Die Reihe ließe sich beliebig fortsetzen. Während Produkte des höheren Preissegments eher im traditionellen Direktvertrieb zu finden sind, werden Dinge des täglichen Bedarfs hauptsächlich von Network-Marketing-Unternehmen angeboten. Grundsätzlich gilt: Die Produkte liegen im Trend und sind in der Regel innovativ und qualitativ hochwertig. Sonst würde ein Network-Unternehmen nicht lange am Markt bestehen. Zudem sind die Produkte nicht im klassischen Einzelhandel erhältlich.

Networker betreiben ihr Geschäft haupt- oder nebenberuflich als selbstständige Gewerbetreibende, in der Regel ohne Lagerbestände zu führen oder Abnahmeverpflichtungen eingehen zu müssen. Es gibt so gut wie keinen Verkaufs- oder Leistungsdruck. Jeder entscheidet selbst, wie viel Einsatz er bringt. Deshalb ist Network-Marketing ein sehr soziales und gerechtes System. Jeder verdient entsprechend seiner persönlichen Leistung – unabhängig von Alter, Ausbildung oder Betriebszugehörigkeit.

Aus wissenschaftlicher Sicht ist Network-Marketing

… der Verkauf/die Vermittlung von Konsumgütern und Dienstleistungen durch Vertriebsrepräsentanten direkt an den Endverbraucher, verbunden mit der Möglichkeit des Aufbaus einer eigenen Vertriebsorganisation, das heißt, das Einkommen des einzelnen Vertriebsrepräsentanten ist abhängig von seinem eigenen Verkaufs-/Vermittlungsvolumen und demjenigen der von ihm angeworbenen Vertriebsrepräsentanten.

Die Konditionen im Network-Marketing sind für alle Geschäftspartner gleich. So kann ein Networker, der erst später einem Unternehmen beitritt, ein größeres Netzwerk aufbauen als alle zuvor registrierten Networker und entsprechend höhere Provisionen erzielen. Denn es zählt nicht, wer der Erste, sondern wer der Beste ist.

Die Start-up-Kosten für den Einstieg sind in der Regel gering und überschaubar. Ein Starterkit mit Produkten und Broschüren des jeweiligen Network-Unternehmens ist meist für unter 100 Euro erhältlich.

Zusammenfassend lässt sich feststellen:

Network-Marketing ist eine besonders dynamische, seriöse Form des Direktvertriebs. Sie ist kein Pyramiden- oder Schneeballsystem, mit dem sie bei Unwissenden oft verwechselt wird. Sie bietet große Chancen für unternehmerisch denkende Menschen und ist die Vertriebsform mit weitaus größeren Wachstumsraten als der Einzelhandel.

Network-Marketing bietet die Chance zur Selbstständigkeit – ohne die meist hohen Risiken einer klassischen Existenzgründung. Ohne hohen Kapitaleinsatz, ohne obligatorische Qualifikation, ohne örtliche Bindung. Vor allem der Aufbau eines eigenen Vertriebsnetzes und das damit verbundene Provisionseinkommen, das zugleich ein passives Einkommen ist, machen den Reiz des Network-Marketing aus.

Das Wichtigste aber sind die Freiheit und Unabhängigkeit, die Network-Marketing bietet. Jeder Networker entscheidet selbst, mit wem er arbeitet, wann er arbeitet, wo er arbeitet und wie viel er arbeitet. Er entscheidet selbst, weil es sein Geschäft ist.

Vorsicht vor Schneeballsystemen

Der Vorwurf, Network-Marketing sei ein illegales Schneeball- oder Pyramidensystem, ist so alt wie die Branche selbst.

Häufig werden Networker mit der Behauptung konfrontiert, ihr Geschäft sei anrüchig, dubios, unseriös. Die Behauptung wird dadurch nicht wahrer.

Die Missverständnisse gehen zurück auf die 1970er und 1980er Jahre. Damals trieben in Deutschland Firmen ihr Unwesen, die die Geldgier der Leute für sich zu nutzen wussten. Mit astronomischen Gewinnversprechen und der Utopie vom schnellen Geld überredeten sie ihre Vertriebspartner zur Abnahme riesiger Warenmengen. Deren Keller und Garagen waren bis unter das Dach mit allen möglichen Produkten gefüllt, das große Geld blieb aus.

Auf den ersten Blick ist der Unterschied zwischen Network-Marketing und Schneeballsystem nicht leicht zu erkennen. Die Organisationsstruktur beider Systeme ist ähnlich. Beide sind in Form einer Pyramide aufgebaut. Doch das will nichts heißen. Denn auch die meisten klassischen Unternehmen sind in Form einer Pyramide aufgebaut. An deren Spitze stehen Direktoren oder Vorstände, eine Ebene tiefer kommen die Manager, dann die Bereichsleiter, Abteilungsleiter, Gruppenleiter und schließlich die Arbeitnehmer ohne Weisungsbefugnis. Selbst Institutionen wie die Kirche oder die Armee der Bundesrepublik Deutschland weisen die Struktur einer Pyramide auf.

Produktvertrieb im Vordergrund

Mögen sich auch die Organisationsstrukturen von Network-Marketing und Schneeballsystem zum Verwechseln ähneln – die Geschäftsgepflogenheiten beider Systeme könnten unterschiedlicher nicht sein. Wichtigstes Merkmal: Im Network-Marketing steht der Produktvertrieb im Vordergrund, bei einem illegalen Schneeballsystem das Anwerben neuer Mitglieder. Typisch für Schneeballsysteme sind daher Produkte ohne realen Marktwert wie Zertifikate, Zeitschriftenabonnements oder preislich überhöhte Wundermittel. Der Vertriebspartner erhält keine Provision für verkaufte Produkte, sondern für nur neu angeworbene Mitglieder. Dabei handelt es sich faktisch um eine Kopfprämie.

Ein weiteres Kriterium: Im Schneeballsystem gibt es eine Hierar-

Schneeballsystem	Network-Marketing
Meist kein Produkt oder ein Produkt ohne Nutzen oder Nachfrage, Lizenzgebühr	Produkte mit Nutzen und Nachfrage
Produkte werden von der nächsthöheren Ebene bezogen – und von Stufe zu Stufe mit Preisaufschlag weiterverrechnet	Produkte werden direkt vom Hersteller bezogen – für alle Ebenen zum identischen Preis
Provision für das Anwerben neuer Vertriebspartner (Kopfprämie), der eigentliche Verkauf wird zur Nebensache	Provision nur für Produktumsatz
Überholen übergeordneter Teilnehmer ist nicht möglich	Überholen übergeordneter Vertriebspartner ist möglich
Hoher finanzieller Einsatz, Vertragsstrafen, Mindestabnahme, teure Kurspakete	Überschaubarer Investitionsrahmen ohne großes Risiko, Starterset meist unter 100 Euro
Zeitpunkt des Einstiegs ist wichtig	Zeitpunkt des Einstiegs spielt keine Rolle
Kurzlebig	Langfristig
Die Letzten in der Kette gehen leer aus	Nicht der Erste, sondern der Beste ist der Beste

chie, bei Network-Marketing nicht. Im Network-Marketing steht jeder Berater an der Spitze der von ihm aufgebauten Organisation. Dabei ist es für seinen eigenen Erfolg völlig unerheblich, was oberhalb seiner Position im Netzwerk des Unternehmens passiert.

Wie fließt das Geld?

Auch am Geldfluss ist der Unterschied zwischen Network-Marketing und Pyramidensystem erkennbar. In der Vertriebsorganisation eines Network-Unternehmens wird selbst dann Geld verdient, wenn keine neuen Berater gewonnen werden. Die bestehenden Geschäftspartner und Kunden sorgen für ständig wiederkehrenden Umsatz.

Vor allem aber die Richtung des Geldflusses ist entscheidend. In einem Schneeballsystem fließt Geld von unten nach oben, also vertikal, und fast nie gibt es einen Gegenwert für die eingezahlte Summe. Im Network-Marketing fließt das Geld horizontal vom Verbraucher über die Vertriebspartner in die Firma. Alle Berater kaufen zu gleichen Konditionen beim Network-Unternehmen ein und verkaufen wie ein Einzelhändler.

Gesetz gegen unlauteren Wettbewerb

Eine Antwort darauf, ob ein System korrekt ist oder nicht, gibt auch der neue § 16 UWG (Gesetz gegen unlauteren Wettbewerb), der seit 1.7.2004 in Kraft ist. Ein Auszug:

(1) Wer in der Absicht, den Anschein eines besonders günstigen Angebots hervorzurufen, in öffentlichen Bekanntmachungen oder in Mitteilungen, die für einen größeren Kreis von Personen bestimmt sind, durch unwahre Angaben irreführend wirbt, wird mit Freiheitsstrafe bis zu zwei Jahren oder mit Geldstrafe bestraft.

(2) Wer es im geschäftlichen Verkehr unternimmt, Verbraucher zur Abnahme von Waren, Dienstleistungen oder Rechten durch das Ver-

sprechen zu veranlassen, sie würden entweder vom Veranstalter selbst oder von einem Dritten besondere Vorteile erlangen, wenn sie andere zum Abschluss gleichartiger Geschäfte veranlassen, die ihrerseits nach der Art dieser Werbung derartige Vorteile für eine entsprechende Werbung weiterer Abnehmer erlangen sollen, wird mit Freiheitsstrafe bis zu zwei Jahren oder mit Geldstrafe bestraft.

Entscheidend dafür, ob Network-Marketing weiterhin unberechtigten Angriffen ausgesetzt ist oder endlich die Reputation erhält, die es verdient, ist ein korrektes Geschäftsverhalten der jeweiligen Network-Unternehmen. Sowohl der Weltverband *Direktvertrieb* (World Federation of Direct Selling Associations, kurz WFDSA) als auch die jeweiligen Landesverbände haben einen verpflichtenden Ethikkodex für ihre Mitglieder aufgestellt. Er bürgt wie ein Gütesiegel für die Qualität und Seriosität von Network-Marketing.

Zusammenfassung

→ Network-Marketing ist eine besonders dynamische Form des Direktvertriebs. Die Produkte gelangen vom Hersteller über selbstständige Berater direkt zum Kunden. Zwischenhändler gibt es nicht. Network-Marketing lebt vom Empfehlungsmarketing. Menschen sind von einem Produkt begeistert und empfehlen es anderen weiter. Vermarktet werden vorwiegend Produkte aus den Bereichen Nahrungsergänzung, Reinigung, Körperpflege, Kosmetik, Haushaltswaren und Wellness, aber auch Dienstleistungen. Hauptaufgabe des Networkers ist es, die Produkte zu empfehlen und zu verkaufen und darüber hinaus ein Vertriebsnetz mit selbstständigen Geschäftspartnern aufzubauen. Das Einkommen im Network-Marketing wird erzielt aus Verkauf/Vermittlung der Produkte an den Endverbraucher und aus den Provisionen für die Umsätze der gesponserten Vertriebspartner.

→ Franchising bezeichnet die Vergabe eines getesteten und erfolgreichen Geschäftskonzepts durch einen Franchise-Geber an einen Franchise-Nehmer. Der Nehmer kann dabei auf umfassende Unterstützung durch den Geber zurückgreifen. So wird ihm der Start erleichtert und der Erfolg seiner Gründung quasi garantiert. Im Gegenzug entrichtet der Franchise-Nehmer eine Lizenzgebühr. Network-Marketing bietet wie Franchising eine fertige Existenz – aber ohne Gebühr. Network-Marketing ist das Franchise-System für jedermann.

→ Früher bot der Job existenzielle Sicherheit und ein geregeltes Einkommen. Doch die Zeiten haben sich geändert. Heute können die Unternehmen in der Regel niemandem mehr ein sicheres Einkommen bieten. Das Informationszeitalter mit neuen Technologien und globalen Märkten hat auch Auswirkungen auf den Arbeitsmarkt. Sicher geglaubte Arbeitsplätze gehen im großen Stil verloren. Die verheerende Bilanz: rund fünf Millionen Arbeitslose allein in Deutschland. Millionen von Menschen brauchen ein neues Einkommen. Network-Marketing ist für viele eine reizvolle Alternative.

→ Durch Network-Marketing kommt quasi der Laden zum Kunden. Das Produkt wird erklärt, präsentiert, verkauft – meistens beim Kunden zu Hause. Damit reagiert Network-Marketing auf zwei weitere Trends, die in der Gesellschaft zu beobachten sind: »Cocooning« und »Clanning«. »Cocooning« bedeutet, dass sich die Menschen am liebsten in ihren Kokon einspinnen und in die eigenen vier Wände zurückziehen. »Clanning« bezeichnet das Bedürfnis der Menschen, sich in Gruppen zusammenzufinden. Die persönliche und individuelle Beratung, die

Network-Marketing mehr als jede andere Vertriebsform bietet, kommt den Wünschen vieler Verbraucher entgegen.

→ Das Zusammentreffen mehrerer Trends in Wirtschaft und Gesellschaft wird die Entwicklung von Network-Marketing begünstigen. Der Aufschwung dieser revolutionären Geschäftsidee steht auch bei uns bevor. Mit anderen Worten: Network-Marketing ist der richtige Ort für Menschen, die finanzielle Sicherheit und persönliche Freiheit suchen. Und heute ist der richtige Zeitpunkt für Network-Marketing.

→ Wichtige Vorteile von Network-Marketing sind die persönliche Freiheit und Entwicklung des Einzelnen. Die Menschen lernen, sich selbst zu vertrauen und ein selbstbestimmtes Leben zu führen. Sie gewinnen an Selbstachtung und verändern sich zum Positiven, weil sie gelernt haben, an sich selbst zu glauben.

→ Die USA und Asien sind Vorreiter im Network-Marketing. Fast jede zweite Existenz wird in dieser Branche gegründet. In Europa steht Network-Marketing erst am Anfang seiner Entwicklung. Während hier noch weniger als fünf Prozent des Warenhandels über Network-Marketing bewegt werden, sind es in den USA und einigen asiatischen Ländern zwischen 12 und 20 Prozent. Dennoch ist Network-Marketing auch in Deutschland im Begriff sich zu etablieren und wird in den kommenden Jahren große Zuwachsraten erzielen. Bemerkenswert ist auch das zweistellige Umsatzwachstum von Network-Marketing im Vergleich zur Stagnation des Umsatzes im traditionellen Einzelhandel. Eine Sonderstellung nimmt Network-Marketing in Österreich ein. Hier sind fast schon amerikanische Verhältnisse erreicht.

→ Die persönliche Empfehlung wird immer öfter zum entscheidenden Kaufkriterium. Je unübersichtlicher der Markt, desto unsicherer der Kunde und umso wichtiger die Empfehlung. Das Internet treibt die Entwicklung von Network-Marketing ebenfalls energisch voran. Vom Schreibtisch aus können Geschäfte am anderen Ende der Welt abgewickelt werden. Network-Marketing wird zu einem globalen Geschäft mit glänzenden Perspektiven.

→ Der Vorwurf, Network-Marketing sei ein illegales Schneeball- oder Pyramidensystem, ist so alt wie die Branche selbst. An der Organisationsform ist der Unterschied nicht leicht zu erkennen: Sowohl im legalen Network-Marketing als auch im illegalen Schneeballsystem gleicht die Organisationsstruktur der Mitarbeiter einer Pyramide. Allerdings könnten die Geschäftsgepflogenheiten unterschiedlicher nicht sein. Im Network-Marketing steht jeder an der Spitze seiner eigenen Organisation. Hier steht der Vertrieb von Produkten im Vordergrund, bei Schneeballsystemen hingegen das Anwerben neuer Mitglieder. Deshalb wird beim Schneeballsystem auch oft eine Lizenzgebühr verlangt, die häufig nichts anderes als eine Kopfprämie ist. Zudem fließt das Geld im Network-Marketing horizontal durch alle Ebenen, im Schneeballsystem von unten nach oben. Eine eindeutige Abgrenzung von Network-Marketing und Schneeballsystem regelt auch der neue Paragraph 16 des Gesetzes gegen unlauteren Wettbewerb, der seit 1.7.2004 in Deutschland in Kraft ist.

02

Network-Marketing: Beruf und Berufung

Aus wissenschaftlicher Sicht: Network-Marketing in Deutschland

Die Motivation deutscher Arbeitnehmer ist so niedrig wie schon lange nicht mehr. Fast neun von zehn Arbeitnehmern fehlt es im Job an Pflichtgefühl und Engagement. Rund 70 Prozent machen Dienst nach Vorschrift, und 18 Prozent haben sich innerlich schon von ihrem derzeitigen Arbeitgeber verabschiedet.

Das zeigt der aktuelle *Engagement-Index 2004* der *Gallup GmbH*, Berlin. Die seit 2001 jährlich durchgeführte Studie misst die emotionale Bindung deutscher Arbeitnehmer an ihren Arbeitsplatz anhand repräsentativer Aussagen.

Die Folgen sind erschreckend: Laut *Gallup* ist die fehlende Motivation ein echter Wettbewerbsnachteil für den Standort Deutschland. Denn die Mitarbeiter sind weniger produktiv, werden schneller krank, verlassen das Unternehmen früher und äußern sich negativ über die Produkte oder Dienstleistungen ihres Arbeitgebers. Das kostet eine Menge Geld. *Gallup* beziffert den gesamtwirtschaftlichen Schaden in Deutschland, der allein auf mangelndes Engagement der Arbeitnehmer zurückzuführen ist, auf über 230 Milliarden Euro jährlich.

Geradezu ermutigend wirkt dagegen die hohe Zufriedenheit aktiver Networker und Networkerinnen mit ihrem Beruf. Die Auswertung der *Network-Marketing-Studie 2005* bringt es an den Tag: Drei Viertel der Networker sind mit ihrer Tätigkeit zufrieden bzw. sehr zufrieden. Darüber hinaus beinhaltet die Studie, die bislang die einzige wissenschaftlich fundierte Studie zum Thema Network-Marketing in Deutschland ist, eine Vielzahl weiterer Ergebnisse. Sie werden auf den folgenden Seiten anschaulich erläutert. Ziel ist es, sowohl Network-Marketing als auch den Beruf des Networkers aus Sicht des neutralen Beobachters darzustellen und mit den Vorurteilen vergangener Tage aufzuräumen. Gleichzeitig soll zu einer Versachlichung der Diskussion über das Berufsbild des Networkers beigetragen werden.

Grundlage der Studie war eine Fragebogenaktion unter Networkern, die auf überwältigende Resonanz stieß. Abgefragt wurden zum Beispiel die Einkommenssituation, die wöchentliche Arbeitszeit, die Gewinnung von Kunden, der Aufbau von Vertriebsstrukturen und vieles mehr. Über 2.700 Networker haben im Zeitraum von Mai 2004 bis März 2005 an der Befragung teilgenommen. Absolute Neutralität bei der Auswertung war gewährleistet. Damit ist die Studie die umfangreichste Untersuchung über die Situation des Network-Marketing in Deutschland überhaupt.

1. Der Networker

Zahl der Firmenvertretungen

Unter den 400.000 bis 600.000 aktiven Networkern in Deutschland dominiert ganz eindeutig der »Einfirmenvertreter«. Das heißt, 82 Prozent der Vertriebsrepräsentanten sind ausschließlich für ein einziges Network-Marketing-Unternehmen tätig. Lediglich 18 Prozent vertreten Produkte oder Dienstleistungen mehrerer Unternehmen.

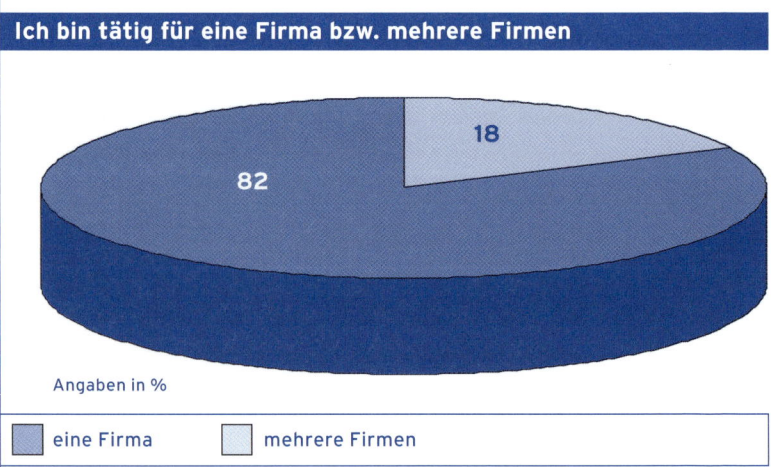

Ich bin tätig für eine Firma bzw. mehrere Firmen

82

18

Angaben in %

■ eine Firma   ■ mehrere Firmen

Quelle: Prof. Dr. Michael Zacharias, »Network-Marketing in Deutschland 2005«, Studie, Worms, März 2005; Basis: 2.478 Befragte

Dauer der Berufstätigkeit

Rund 44 Prozent der Networker arbeiten bereits seit mehr als zwei Jahren für ein und dasselbe Network-Unternehmen. Neben dieser Loyalität ist zugleich die hohe Anzahl von Neueinsteigern auffallend. 29 Prozent der Networker sind seit weniger als einem Jahr im Geschäft. Dies ist zugleich ein Indiz für die große Dynamik des Systems.

Wie lange sind Sie schon für ein Network-Marketing-Unternehmen tätig?

Weniger als 1 Jahr	29
1-2 Jahre	27
2-3 Jahre	16
3-5 Jahre	18
5-10 Jahre	7
Mehr als 10 Jahre	3

Angaben in %

Vertretene Produktgruppen

Bei den Produkten, die über diesen Vertriebsweg verkauft werden, dominieren die Bereiche Nahrungsergänzungsmittel, Vitamine und Säfte sowie Wellness/Gesundheit. 90 Prozent bzw. 84 Prozent aller Networker vertreiben diese Produkte. An dritter Stelle rangiert Körperpflege/Kosmetik mit 80 Prozent. Präventionsprodukte und Wassertechnologie vertreten 32 bzw. 30 Prozent der Networker. Bei den Antworten zu dieser Frage ist zu berücksichtigen, dass Mehrfachnennungen möglich waren. Dabei wird überdeutlich, dass sich die Mehrzahl der Network-Unternehmen auf den Wachstumsmarkt Wellness/Gesundheit konzentriert.

Ich verkaufe/vermittle Produkte aus folgenden Branchen:

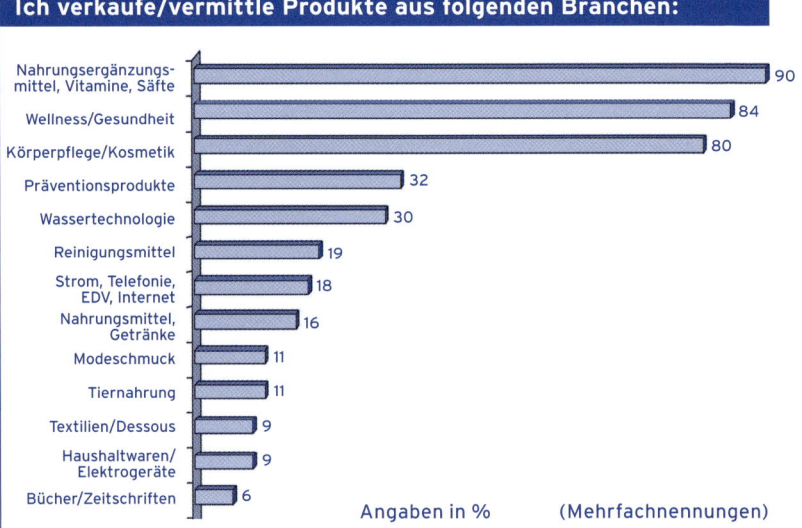

Branche	%
Nahrungsergänzungsmittel, Vitamine, Säfte	90
Wellness/Gesundheit	84
Körperpflege/Kosmetik	80
Präventionsprodukte	32
Wassertechnologie	30
Reinigungsmittel	19
Strom, Telefonie, EDV, Internet	18
Nahrungsmittel, Getränke	16
Modeschmuck	11
Tiernahrung	11
Textilien/Dessous	9
Haushaltwaren/Elektrogeräte	9
Bücher/Zeitschriften	6

Angaben in %   (Mehrfachnennungen)

Durchschnittlicher Arbeitseinsatz

Der durchschnittliche Arbeitsaufwand im Network-Marketing beträgt bei den befragten Networkern 16 Stunden in der Woche. Dies ist der Durchschnittswert für alle haupt- und nebenberuflich tätigen Networker. Die Zeit verteilt sich auf die einzelnen Aktivitäten wie folgt: Für Recruiting und Sponsoring werden 40 Prozent der Zeit aufgewendet, für den Vertrieb der Produkte 28

Durchschnittlich verbringe ich für meine Tätigkeit im Network-Marketing 16 Stunden pro Woche mit:

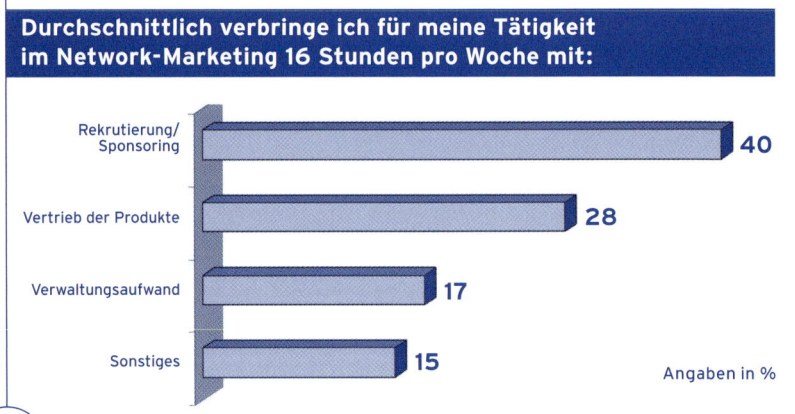

Tätigkeit	%
Rekrutierung/Sponsoring	40
Vertrieb der Produkte	28
Verwaltungsaufwand	17
Sonstiges	15

Angaben in %

Quelle: Prof. Dr. Michael Zacharias »Network-Marketing in Deutschland 2005« Studie, Worms, März 2005; Basis: 2.478 Befragte

Prozent, für Verwaltungstätigkeiten 17 Prozent und für Sonstiges 15 Prozent. Diese Zahlen decken sich fast völlig mit den Ergebnissen der Österreich-Studie von 2001 und weichen nur geringfügig von vergleichbaren Werten in den USA ab.

Haupt- oder nebenberufliche Tätigkeit

Fast ein Viertel der deutschen Networker ist hauptberuflich tätig. Diese Zahl liegt über dem europäischen Durchschnitt, wo nur 20 Prozent der Networker hauptberuflich arbeiten. Im Vergleich zur Situation in Österreich liegt die Zahl allerdings darunter. Hier engagieren sich 28 Prozent der Networker hauptberuflich für Network-Marketing.

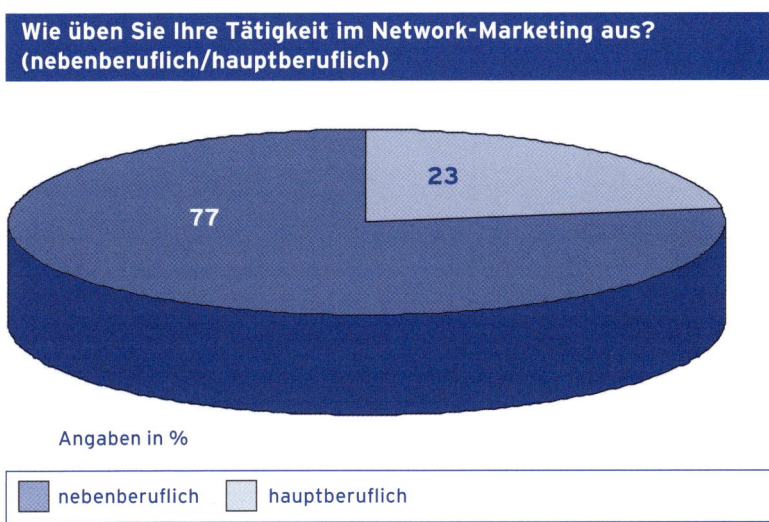

Wie üben Sie Ihre Tätigkeit im Network-Marketing aus? (nebenberuflich/hauptberuflich)

23

77

Angaben in %

nebenberuflich   hauptberuflich

Erfolgreiche Partnerschaften

Es wird immer wieder behauptet, dass im Network-Marketing vor allem Ehe- und Lebenspartner sehr erfolgreich sind und das Geschäft gemeinsam betreiben. Die Studie 2005 bestätigt, dass mehr als ein Drittel der Networker ihre Arbeit gemeinsam mit ihrem Partner ausüben (37 Prozent). Dieser Wert ist bemerkenswert höher als in den USA, wo nur 15,6 Prozent der Networker als Paar zusammenarbeiten. Zugleich wird deutlich, dass eine Tätigkeit im Network-Marketing in idealer Weise den Partner mit einbezieht und dadurch größere Erfolge erreicht werden können.

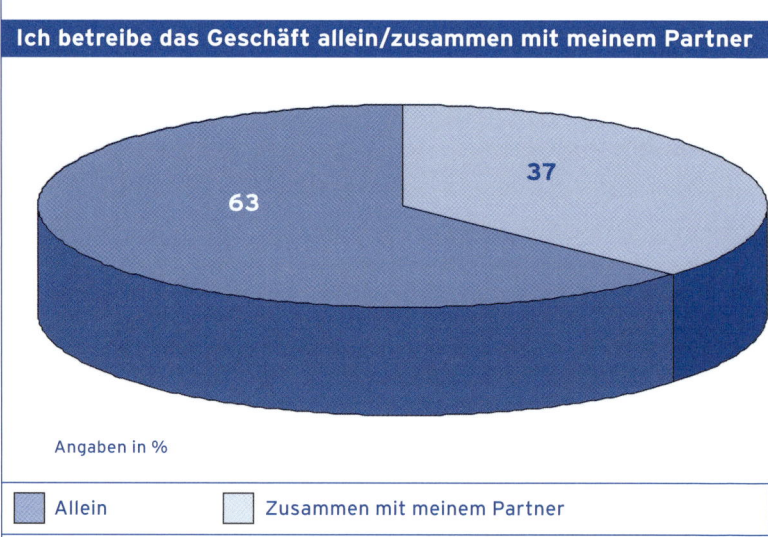

Ich betreibe das Geschäft allein/zusammen mit meinem Partner

63

37

Angaben in %

■ Allein   ■ Zusammen mit meinem Partner

Hohe Singlequote

Mehr als zwei Drittel der Networker sind verheiratet bzw. leben

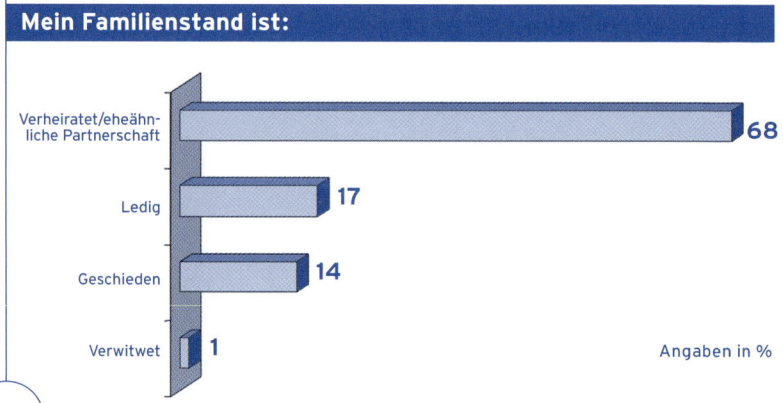

Mein Familienstand ist:

Verheiratet/eheähnliche Partnerschaft — 68

Ledig — 17

Geschieden — 14

Verwitwet — 1

Angaben in %

Quelle: Prof. Dr. Michael Zacharias »Network-Marketing in Deutschland 2005« Studie Worms März 2005; Basis: 2.478 Befragte

in einer Partnerschaft. Die Singlequote liegt bei 32 Prozent. Diese ist wesentlich höher als in den USA mit lediglich 18 Prozent.

Solide Schul- und Berufsausbildung

Networker verfügen über eine solide Schul- und Berufsausbildung. Über 20 Prozent haben ein Hochschulstudium abgeschlossen. Auf der anderen Seite zeigt sich, dass die Mehrheit der Networker mit rund 40 Prozent einen Hauptschulabschluss oder mittlere Reife hat. Damit wird deutlich, dass eine akademische Ausbildung nicht unbedingt Voraussetzung für Erfolg im Network-Marketing ist, sondern dass hier Menschen mit allen Ausbildungsgraden erfolgreich sein können.

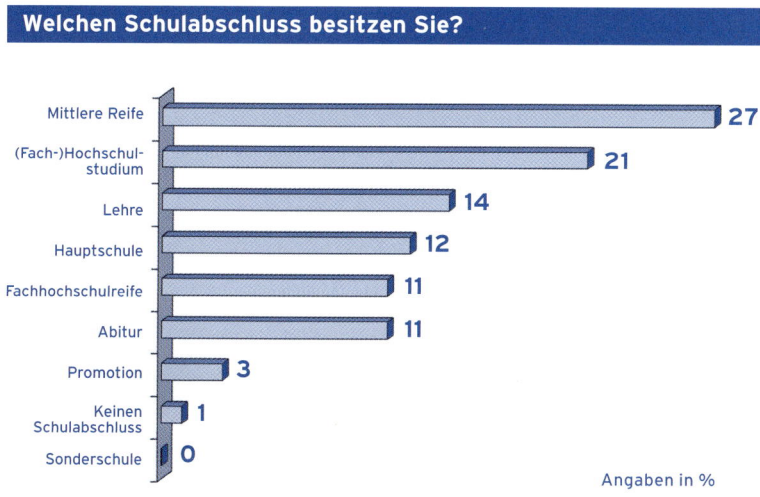

Welchen Schulabschluss besitzen Sie?

Mittlere Reife	27
(Fach-)Hochschulstudium	21
Lehre	14
Hauptschule	12
Fachhochschulreife	11
Abitur	11
Promotion	3
Keinen Schulabschluss	1
Sonderschule	0

Angaben in %

Motive für den Berufseinstieg

Die Hauptmotive, um den Beruf als Networker zu ergreifen, sind die Verdienstaussichten und ein zusätzliches Einkommen, Begeisterung für die Produkte, persönlicher Gebrauch des Produkts, freie Zeiteinteilung sowie die Möglichkeit, von zu Hause aus zu arbeiten. Die hier genannten Motive für den Berufseinstieg finden sich in allen internationalen Studien wieder.

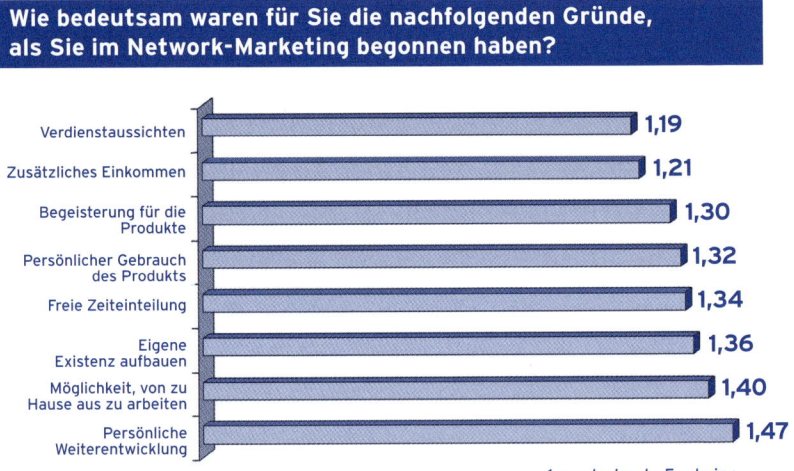

Wie bedeutsam waren für Sie die nachfolgenden Gründe, als Sie im Network-Marketing begonnen haben?

Verdienstaussichten	1,19
Zusätzliches Einkommen	1,21
Begeisterung für die Produkte	1,30
Persönlicher Gebrauch des Produkts	1,32
Freie Zeiteinteilung	1,34
Eigene Existenz aufbauen	1,36
Möglichkeit, von zu Hause aus zu arbeiten	1,40
Persönliche Weiterentwicklung	1,47

1 = sehr hoch; 5 = keine

Einkommen der Networker

Die Einkommenssituation der Networker ist davon abhängig, wie lange sie im Geschäft sind und ob sie das Geschäft haupt- oder nebenberuflich betreiben.

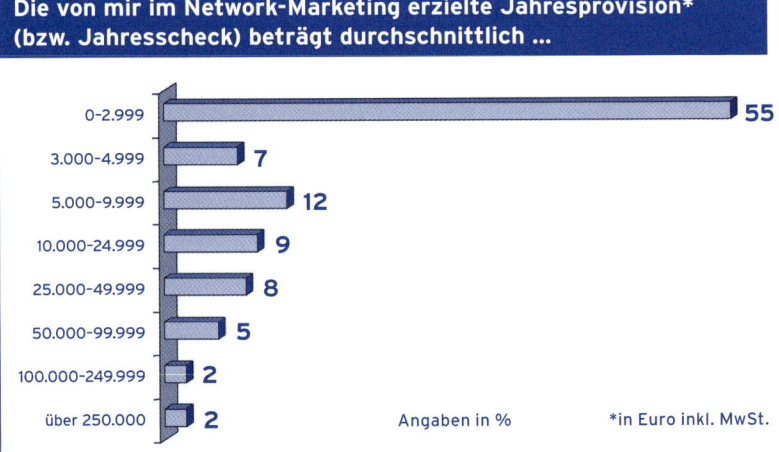

Die von mir im Network-Marketing erzielte Jahresprovision* (bzw. Jahresscheck) beträgt durchschnittlich ...

0-2.999	55
3.000-4.999	7
5.000-9.999	12
10.000-24.999	9
25.000-49.999	8
50.000-99.999	5
100.000-249.999	2
über 250.000	2

Angaben in %   *in Euro inkl. MwSt.

Quelle: Prof. Dr. Michael Zacharias, »Network-Marketing in Deutschland 2005«, Studie, Worms, März 2005; Basis: 2.478 Befragte

Während die Masse der Networker noch unter 250 Euro im Monat verdient (55 Prozent), erzielen immerhin über 17 Prozent der Befragten mehr als 2.000 Euro pro Monat. Mehr als vier Prozent der Networker gaben an, über 100.000 Euro im Jahr zu verdienen. Sie zählen damit zu den Spitzenverdienern in Deutschland. Diese Zahlen legen nahe, dass man in diesem Geschäft durchaus ein hohes Einkommen erzielen kann.

Die Einkommenssituation verändert sich allerdings stark, wenn man nach haupt- und nebenberuflicher Tätigkeit differenziert. Die oben dargestellte Verdienstsituation betrifft den Durchschnitt aller Networker. Ein anderes Bild ergibt sich, wenn man nur diejenigen betrachtet, die Network-Marketing hauptberuflich betreiben: Bei dieser Gruppe verdient mehr als die Hälfte 2.000 Euro und mehr pro Monat. 18 Prozent haben sogar ein Jahreseinkommen von über 100.000 Euro.

Die von mir im Network-Marketing erzielte Jahresprovision*
(bzw. Jahresscheck) beträgt nur bei hauptberuflich Tätigen ...

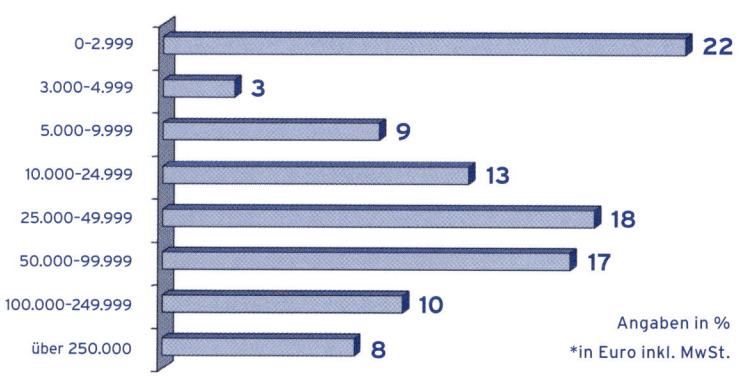

0-2.999	22
3.000-4.999	3
5.000-9.999	9
10.000-24.999	13
25.000-49.999	18
50.000-99.999	17
100.000-249.999	10
über 250.000	8

Angaben in %
*in Euro inkl. MwSt.

Zufriedenheit mit dem Beruf

Die hohe Zufriedenheit der Networker mit ihrer Berufstätigkeit ist auffallend: Mehr als drei Viertel der Networker sind mit ihrer

Tätigkeit zufrieden bzw. sehr zufrieden. Lediglich 20 Prozent sind weniger zufrieden und 2 Prozent völlig unzufrieden.

Noch beeindruckender ist dieses Ergebnis vor dem Hintergrund der aktuellen *Gallup-Studie*. Denn laut *Gallup* sind weniger als 20 Prozent der befragten deutschen Arbeitnehmer in ihrem Beruf engagiert, motiviert und zufrieden.

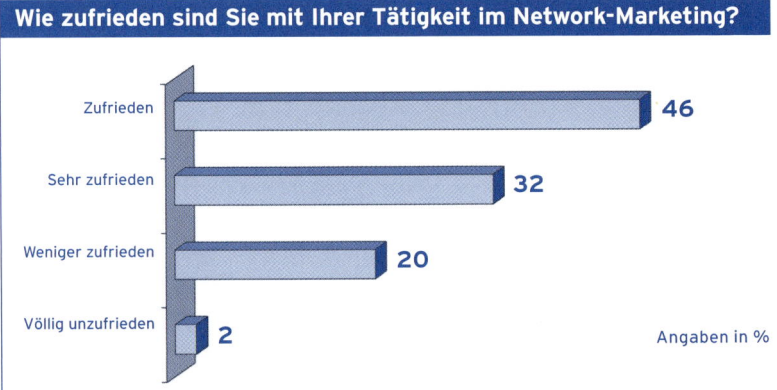

Wie zufrieden sind Sie mit Ihrer Tätigkeit im Network-Marketing?

Zufrieden — 46
Sehr zufrieden — 32
Weniger zufrieden — 20
Völlig unzufrieden — 2

Angaben in %

2. Die Vertriebstechniken

Bedeutung des Einzelgesprächs

Die wichtigste Vertriebsmethode im Network-Marketing ist das Einzelgespräch. Dieses persönliche Gespräch bzw. die individuelle Kundenbetreuung wird von 92 Prozent der Networker betrieben. Immerhin sind für 42 Prozent der Networker die Präsentation auf Veranstaltungen und der Partyvertrieb die wichtigste Vertriebsmethode. Der Verkauf per Telefon oder E-Mail spielt mit 14 bzw. 11 Prozent noch eine untergeordnete Rolle.

Auch hier ergibt sich eine Übereinstimmung mit entsprechenden Daten in den USA.

Quelle: Prof. Dr. Michael Zacharias, »Network-Marketing in Deutschland 2005«, Studie, Worms, März 2005; Basis: 2.478 Befragte

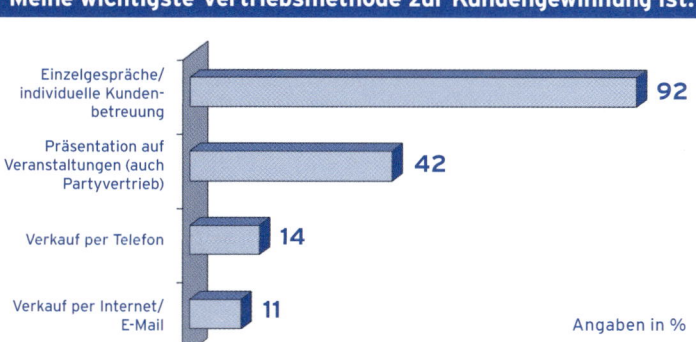

Meine wichtigste Vertriebsmethode zur Kundengewinnung ist:

- Einzelgespräche/individuelle Kundenbetreuung: 92
- Präsentation auf Veranstaltungen (auch Partyvertrieb): 42
- Verkauf per Telefon: 14
- Verkauf per Internet/E-Mail: 11

Angaben in %
(Mehrfachnennungen)

Vertriebspartner aus dem Freundeskreis

Um Vertriebspartner zu gewinnen, bevorzugen die meisten Networker die persönliche Ansprache. Dabei werden zuerst Freunde und Bekannte angesprochen, dann Fremde und schließlich Arbeitskollegen. Flugzettel, Flyer, Anzeigen und Mailings haben eine relativ geringe Bedeutung.

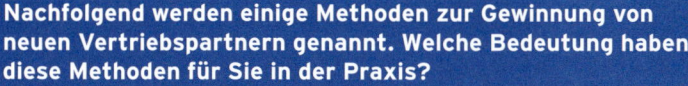

Nachfolgend werden einige Methoden zur Gewinnung von neuen Vertriebspartnern genannt. Welche Bedeutung haben diese Methoden für Sie in der Praxis?

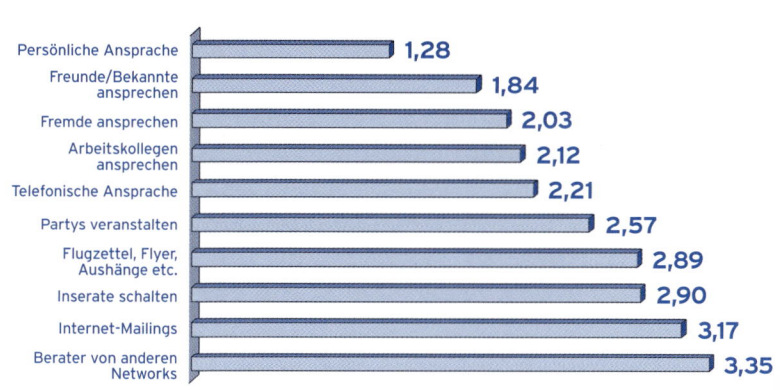

- Persönliche Ansprache: 1,28
- Freunde/Bekannte ansprechen: 1,84
- Fremde ansprechen: 2,03
- Arbeitskollegen ansprechen: 2,12
- Telefonische Ansprache: 2,21
- Partys veranstalten: 2,57
- Flugzettel, Flyer, Aushänge etc.: 2,89
- Inserate schalten: 2,90
- Internet-Mailings: 3,17
- Berater von anderen Networks: 3,35

1 = sehr hoch; 5 = keine

Verkauf in der Wohnung

Der klassische Verkaufsort im Network-Marketing, der von 53 Prozent der Befragten genannt wird, ist die Wohnung bzw. das Büro des Networkers. An zweiter Stelle steht die Wohnung des Kunden mit 24 Prozent.

Vergleiche mit Zahlen aus den USA ergaben, dass dort die Wohnung bzw. das Büro des Networkers von 62 Prozent der Befragten genutzt wird.

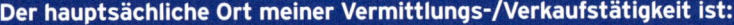

Der hauptsächliche Ort meiner Vermittlungs-/Verkaufstätigkeit ist:

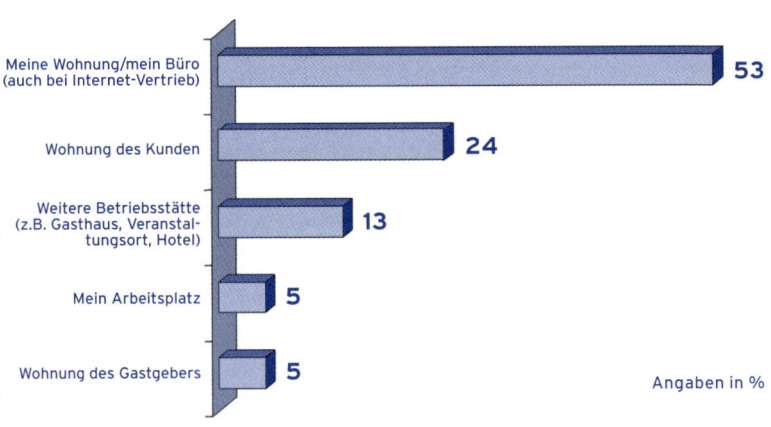

Meine Wohnung/mein Büro (auch bei Internet-Vertrieb) — **53**

Wohnung des Kunden — **24**

Weitere Betriebsstätte (z.B. Gasthaus, Veranstaltungsort, Hotel) — **13**

Mein Arbeitsplatz — **5**

Wohnung des Gastgebers — **5**

Angaben in %

3. Der Kunde

Frauen als größte Kundengruppe

Frauen stellen im Network-Marketing mit 51 Prozent die größte Kundengruppe dar. Lediglich 22 Prozent der Kunden sind Männer. An zweiter Stelle stehen Familien mit 27 Prozent. Unterstellt man, dass es in den Familien ebenfalls die Frauen sind, die die

Quelle: Prof. Dr. Michael Zacharias »Network-Marketing in Deutschland 2005« Studie Worms, März 2005; Basis: 2.478 Befragte

Kaufentscheidung für Produkte des Direktvertriebs treffen, so dominieren ganz klar die Frauen als Kunden mit 78 Prozent.

Meine Kunden sind:

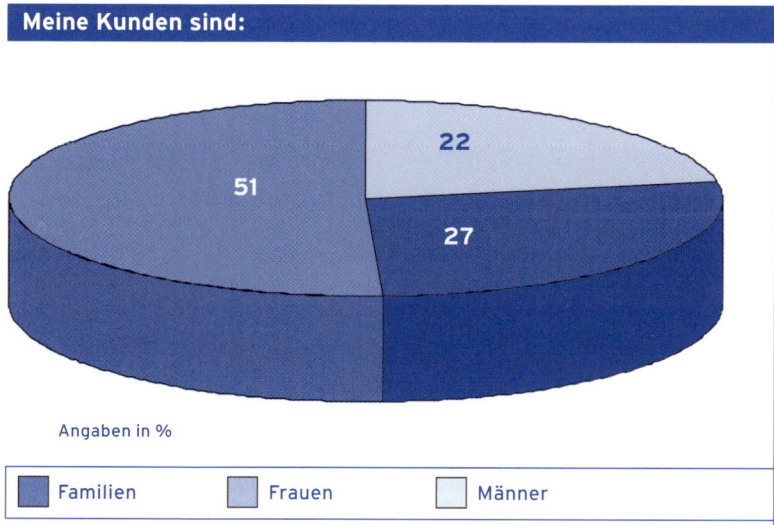

Angaben in %

| ■ Familien | ■ Frauen | □ Männer |

Alter der Kunden

Der typische Kunde im Network-Marketing ist zwischen 30 und 60 Jahre alt, wobei die Altersgruppe zwischen 41 und 60 beson-

Das Alter meiner Kunden beträgt:

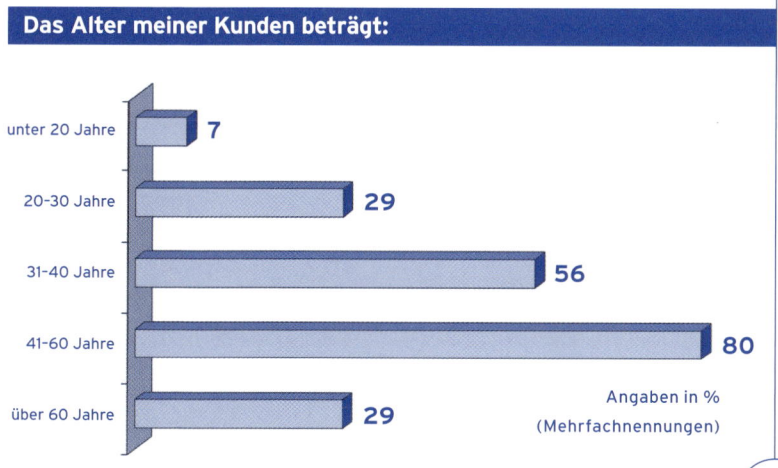

Angaben in %
(Mehrfachnennungen)

ders stark vertreten ist. Jüngere Menschen zwischen 20 und 30 Jahren sind als Kunden unterrepräsentiert.

In der Österreich-Studie dominiert die Altersgruppe zwischen 30 und 40. Erst an zweiter Stelle steht die Altersgruppe der über 40-Jährigen.

Persönliche Ansprache

Network-Marketing ist das Geschäft des »person to person selling«, das heißt, das persönliche Verkaufsgespräch steht im Mittelpunkt des Geschehens. Dies wird auch bei der Kundengewinnung deutlich: Fast alle Networker (86 Prozent) gewinnen ihre Kunden durch persönliche Ansprache auf das Produkt.

Von besonderer Bedeutung ist in diesem Zusammenhang auch das Empfehlungsmarketing: 73 Prozent der Networker gewinnen ihre Kunden durch Empfehlung von bereits bestehenden Kunden. Daraus wird deutlich, wie wichtig die Zufriedenheit der Kunden ist. Denn nur zufriedene Kunden empfehlen weiter. Immerhin 50 Prozent der Networker gewinnen ihre Kunden durch Produktdemonstrationen und Produkttests.

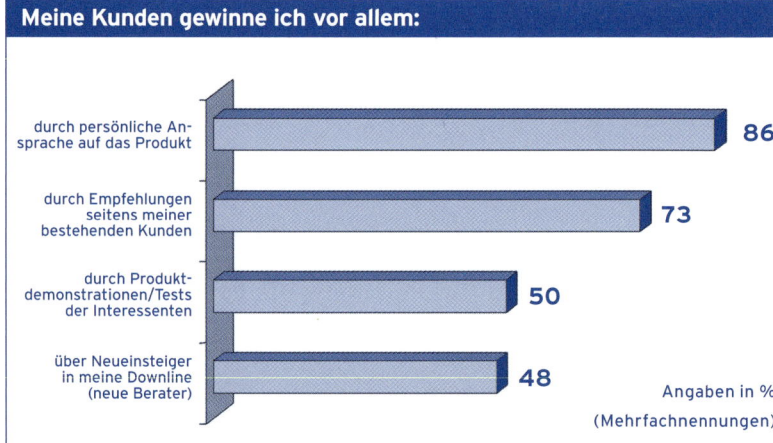

Meine Kunden gewinne ich vor allem:

- durch persönliche Ansprache auf das Produkt: 86
- durch Empfehlungen seitens meiner bestehenden Kunden: 73
- durch Produktdemonstrationen/Tests der Interessenten: 50
- über Neueinsteiger in meine Downline (neue Berater): 48

Angaben in %
(Mehrfachnennungen)

Über 80 Prozent Stammkunden

Die Kundenbindung ist im Network-Marketing extrem hoch. Mehr als 80 Prozent der Kunden sind Dauer- oder Stammkunden.

Das zeigt, dass die Akzeptanz von Network-Marketing bei breiten Bevölkerungsschichten vorhanden ist. Der Networker erreicht durch den Aufbau von Dauerkunden ein stabiles Provisionseinkommen.

Der in Deutschland erreichte Stammkundenanteil von 84 Prozent wird in Österreich sogar noch übertroffen: Hier gelten 87 Prozent der Kunden als Stammkunden.

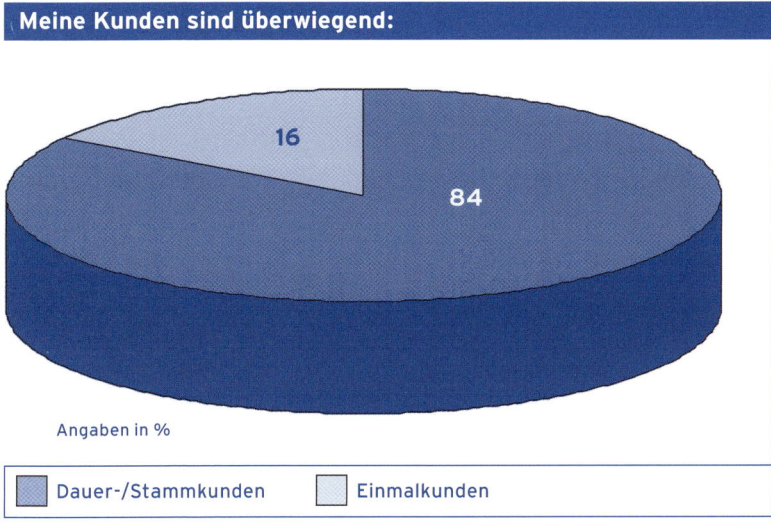

Meine Kunden sind überwiegend:

16

84

Angaben in %

Dauer-/Stammkunden Einmalkunden

Umsatz pro Kunde

In der einschlägigen Literatur sind keine Angaben über den Durchschnittsumsatz pro Kunde im Network-Marketing zu finden. Natürlich verfügt jedes einzelne Unternehmen über internes Datenmaterial; branchenübergreifende Auswertungen jedoch fehlten bis heute.

Erst die vorliegende Befragung gibt Aufschluss. Sie zeigt, dass der durchschnittliche Umsatz pro Kunde und pro Verkauf zwischen 50 und 250 Euro liegt. Dies ist in Anbetracht der Produkte ein sehr hoher Wert. Zugleich ist er Beweis dafür, dass das Bestellvolumen des einzelnen Kunden relativ hoch ist. 39 Prozent der Kunden haben einen durchschnittlichen Warenumsatz zwischen 100 und 250 Euro pro Bestellung. Allerdings gibt es auch Kunden (11 Prozent), deren durchschnittlicher Warenumsatz 250 Euro übersteigt.

Die dokumentierten Zahlen hängen natürlich davon ab, welche Produkte von den Networkern im Einzelnen verkauft werden. Grundsätzlich unterscheidet man im Network-Marketing zwei Kategorien von Produkten: »Low Ticket Items« und »High Ticket Items«. Der durchschnittliche Warenumsatz pro Bestellung deutet darauf hin, dass im Network-Marketing durchaus auch »High Ticket Items« erfolgreich verkauft werden.

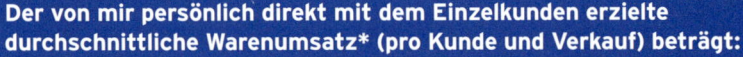

Der von mir persönlich direkt mit dem Einzelkunden erzielte durchschnittliche Warenumsatz* (pro Kunde und Verkauf) beträgt:

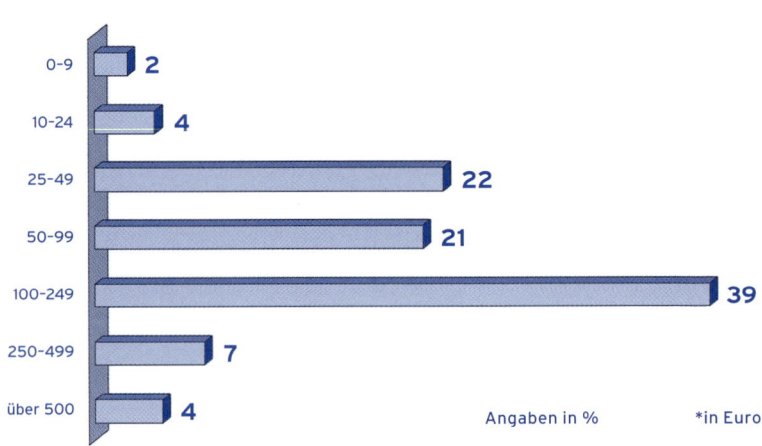

0-9	2
10-24	4
25-49	22
50-99	21
100-249	39
250-499	7
über 500	4

Angaben in %   *in Euro

4. Ergebnisse der Studie

Charakteristisch für die Situation im Direktvertrieb und insbesondere im Network-Marketing ist die Tatsache, dass es über diesen attraktiven und dynamisch wachsenden Vertriebsweg bislang kaum wissenschaftlich fundierte Daten und Fakten gab. Stattdessen kämpft die Branche gegen Vorurteile und Fehleinschätzungen, die durch einige schwarze Schafe, die es hier wie überall gibt, gefördert werden. Vor allem über die Situation und das Berufsbild der im Network tätigen Unternehmerinnen und Unternehmer – Schätzungen sprechen hier von 400.000 bis 600.000 Menschen – war viel zu wenig bekannt. Lediglich über die Situation in Österreich geben zwei wissenschaftliche Untersuchungen aus den Jahren 2001 und 2004 Aufschluss.

Die Studie »Network-Marketing in Deutschland 2005« schließt diese Informationslücke. Über 2.700 Networker unterschiedlichster Network-Unternehmen wurden befragt, mehr als 35 Fragen pro Teilnehmer ausgewertet. Aufgrund der hohen Responsequote spiegelt die Studie umfassend die Situation des Network-Marketing in Deutschland wider.

Zusammenfassend ergibt sich folgendes Bild über den »typischen Networker in Deutschland«: Er ist fast ausschließlich für ein Unternehmen tätig, verkauft, vermittelt und empfiehlt überwiegend Produkte aus dem Wellness- und Gesundheitsbereich, ist seit weniger als zwei Jahren im Geschäft, arbeitet vor allem nebenberuflich, möchte Network-Marketing aber bald zum Hauptberuf machen. Er investiert durchschnittlich 16 Stunden pro Woche in Network-Marketing, die meiste Zeit davon in die Gewinnung von Vertriebspartnern und in den Produktverkauf. Der Anteil von Frauen und Männern ist ausgewogen, die Mehrheit ist verheiratet und lebt in Gemeinden mit weniger als 20.000 Einwohnern. Der typische Networker ist über 35 Jahre alt, hat vorher bereits als Selbstständiger oder Angestellter gearbeitet, besitzt eine solide Schul- und Berufsausbildung und hat Network-Marketing vor allem wegen der Verdienstmöglichkeiten gewählt. Während die Mehrheit der Networker nicht mehr als 250 Euro pro Monat verdient, erzielt bereits ein Fünftel ein monatliches Einkommen von mehr als 2.000 Euro.

Als wesentliche Vertriebstechnik dominiert bei deutschen Networkern das Einzelgespräch. Der Partyvertrieb bzw. die Produktpräsentation auf Veranstaltungen wird von mehr als einem Drittel der Networker eingesetzt. Auch bei der Rekrutierung von Vertriebspartnern dominiert eindeutig die persönliche Ansprache. Die eigene Wohnung bzw. das Büro ist der klassische Verkaufsort.

Der »typische Kunde im Network-Marketing« ist weiblich und zwischen 30 und 60 Jahre alt. Ein einzelner Networker betreut durchschnittlich 10 bis 50 Kunden, die er vor allem durch persönliche Ansprache und durch Weiterempfehlung bestehender Kunden gewinnt. Überraschend hoch ist die Abschlussquote im Verkaufsgespräch. Spätestens beim zweiten Kontakt kaufen oder bestellen mehr als 80 Prozent der Kunden das Produkt. Ein Beweis für die Akzeptanz dieses Vertriebsweges ist nicht zuletzt der hohe Anteil von Stammkunden (84 Prozent) sowie der hohe Durchschnittsumsatz pro Kunde und pro Verkauf (100 bis 250 Euro).

Ein Ergebnis der Studie ist besonders auffallend: die extrem hohe Zufriedenheit der Networker mit ihrem Beruf. Mehr als drei Viertel der Networker sind mit ihrer Tätigkeit zufrieden, etliche sogar sehr zufrieden. Ebenfalls drei Viertel möchten Network-Marketing so bald als möglich vom Neben- zum Hauptberuf machen. Dies zeigt, dass die Menschen, die diesen beruflichen

Weg gewählt haben, die Chancen und Risiken richtig einschätzen können und mit ihrer Zufriedenheit weitere Neueinsteiger für diesen dynamischen Vertriebsweg begeistern werden. Voraussetzung ist, dass die Rahmenbedingungen stimmen, die jeweiligen gesetzlichen Vorschriften erfüllt sind und das Image der gesamten Branche verbessert wird.

Die Qual der Wahl: Welches Unternehmen ist das richtige?

Die Investition, um ins Network-Marketing einzusteigen, ist überschaubar, das finanzielle Risiko gering. Trotzdem ist es schmerzhaft, wenn nach Monaten oder Jahren harter Arbeit das Unternehmen, für das sich der Networker engagiert hat, plötzlich die Pforten schließt.

Weltweit gibt es Hunderte von Network-Unternehmen, fast wöchentlich kommen neue hinzu. Manche davon behaupten sich, der Rest verschwindet genauso schnell, wie er gekommen ist. Umso wichtiger ist es, den Start im Network-Marketing sorgfältig zu planen. Welche Kriterien sollte ein seriöses Unternehmen erfüllen? Was ist bei der Wahl der Geschäftsidee zu beachten, was ist zu vermeiden? Die wichtigsten Kriterien sind auf den folgenden Seiten zusammengestellt.

Wirtschaftliche Stabilität

Wer nicht besonders risikofreudig ist und auch in fünf Jahren noch im Geschäft sein will, sollte sich für eine Firma entscheiden, die die Rückschläge der Anfangszeit schon überstanden hat. Ideal ist ein Unternehmen, das bereits seit Jahren am Markt besteht. Nur dann können Neueinsteiger darauf vertrauen, dass es auch in Zukunft weiter existieren und expandieren wird. Vermeintlich einmalige Chancen und aufregende Gelegenheiten sind wenig Erfolg versprechend.

Zudem sollte das Unternehmen ausreichend Kapital zur Verfügung haben, um auch Phasen schnellen Wachstums problemlos zu meistern. Eine Wirtschaftsauskunft kann hier ebenso hilfreich wie beruhigend sein. Im Falle einer börsennotierten AG geben die Quartals- und Jahresberichte Aufschluss über deren wirtschaftliche Situation.

Strategie und Management

Ein Unternehmen, das keine strategische Planung, keine neuen Ideen und keine innovativen Produkte vorweisen kann, ist zum Scheitern verurteilt. Festgelegte Unternehmensziele, die beschreiben, wie, wo und wann Wachstum eintreten wird, sind Voraussetzung für Erfolg.

Dazu gehört auch eine klar umrissene Expansionspolitik. Neueinsteiger müssen die Möglichkeit haben, ein internationales Geschäft aufzubauen. Denn Network-Marketing ist nicht an einen bestimmten Ort gebunden. Gerade diejenigen, die das Geschäft hauptberuflich betreiben, verdienen nicht selten den größten Teil ihrer Provisionen aus Umsätzen, die in anderen Ländern erzielt wurden.

Besondere Bedeutung kommt der Qualität des Managements zu. Wie steht es mit Erscheinungsbild, Integrität und Charakter der Führungskräfte? Betrachten sie ihr Unternehmen als langfristige Aufgabe? Was sagen die Vertriebspartner über sie? Nur wenn das Management hohen Maßstäben genügt und in der Lage ist, ein dynamisches Unternehmen effektiv zu führen, hat die Firma eine gesicherte Zukunft.

Qualität der Produkte

Die Produkte stehen im Mittelpunkt des Network-Marketing-Geschäfts. Im Network-Marketing sollten Produkte verkauft werden, die möglichst jeder Haushalt benötigt. Denn Produkte für einen großen Markt stellen das Geschäft von Anfang an auf eine breitere Basis. Sie sichern dem Networker regelmäßige Wiederholungskäufe und damit ein stabiles Einkommen.

Bestens geeignet sind erklärungsbedürftige Produkte, deren Nutzen man sofort durch Ausprobieren oder Vorführen erkennen kann. Wenn es sich hingegen um Nischenprodukte handelt, für die der Bedarf erst noch geweckt werden muss, ist die Vermarktung schwieriger. Auch die Qualität der Produkte muss hervorragend sein. Durchschnittliche oder wenig zufriedenstellende Produkte werden kaum Käufer finden.

Identifikation mit den Produkten

Ebenfalls ein wichtiges Kriterium: Der Networker muss einen Bezug zu den Produkten aufbauen können. Je stärker er sich mit ihnen identifizieren kann, desto einfacher ist es, sie anderen Menschen zu empfehlen. Gefallen ihm die Produkte? Verwendet er sie selbst? Würde er sie auch verwenden, wenn er beruflich nicht damit zu tun hätte?

Neueinsteiger sollten auf das Preis-Leistungs-Verhältnis der Produkte achten. Produkte, die gerne und häufig nachgekauft werden, müssen in Qualität und Preis konkurrenzfähig gegenüber den Produkten anderer Network-Unternehmen, aber auch konkurrenzfähig gegenüber dem Einzelhandel sein.

Topqualität in Verbindung mit Exklusivität – so lassen sich die Produkte im Network-Marketing kurz und prägnant beschreiben. Daher dürfen sie nur über den Direktvertrieb, aber nicht im Einzelhandel erhältlich sein. Dies ist am ehesten dann gewährleistet, wenn das Unternehmen selbst produziert oder exklusiv vertreibt. Nur dann kann es den kompletten Fertigungsprozess, von der Rohstoffgewinnung bis zur Verpackung, kontrollieren.

Trend des Marktes

Wer im Network-Marketing Erfolg haben will, muss mit dem Trend gehen, nicht gegen ihn. Im Trend liegen zum Beispiel die Bereiche Gesundheit, Fitness, Wellness und Anti-Aging. Ein Network-Unternehmen, das für diese Wachstumsmärkte qualitativ hochwertige Produkte anbietet, ist ideal.

Ein zu großer Markt ist hingegen ebenso zu meiden wie ein Nischenmarkt. Ein zu großer Markt ist bereits gesättigt und bietet weder für Verbraucher noch für Vertriebspartner Anreize. Nischenmärkte hingegen sind zu klein, um den Vertriebspartnern langfristig Umsätze zu sichern.

Zeitliche Planung

Der Zeitpunkt für den Einstieg ins Network-Marketing ist ebenfalls von Bedeutung. Er ist optimal, wenn die Wachstumsphase unmittelbar bevorsteht. Ein verfrühter Einsteig sollte vermieden werden. Denn Unternehmen, die sich gerade neu gegründet haben, bergen viele Risiken in sich. Produktrisiken zum Beispiel, Managementrisiken oder auch Finanzierungsrisiken. Ebenfalls zu vermeiden: ein verspäteter Einstieg. Wenn ein Unternehmen seit geraumer Zeit kein Wachstum mehr verzeichnet hat und auch seine Strategie nicht verändert, kann es mühsam werden, eine Organisation aufzubauen.

Training und Schulung

Das Unternehmen sollte möglichst viele Hilfsmittel zur Verfügung stellen, damit die Grundlagen des Geschäfts rasch und problemlos erlernt werden können. Kontinuierlich stattfindende Treffen und effektive Schulungsmöglichkeiten sind für den Erfolg des einzelnen Vertriebspartners entscheidend. Im Idealfall verfügen Unternehmen und Vertriebspartnernetz über alle modernen Kommunikationsmittel, damit der Informationsaustausch gewährleistet ist.

Marketingplan und Provision

Der Marketingplan muss so angelegt sein, dass der Networker für seine Produktivität ein lohnendes Einkommen erhält. Der Plan ist schlecht durchdacht, wenn die Organisation keine überdurchschnittlich erfolgreichen Führungskräfte vorweisen kann. Ebenfalls wichtig sind die korrekte Aufstellung der Abrechnung und die pünktliche Auszahlung der Provisionen.

Das Engagement des Einzelnen

Last but not least: Das persönliche Engagement jedes Einzelnen spielt im Network-Marketing eine ganz entscheidende Rolle. Wenn Neueinsteiger nicht bereit sind, sich längerfristig zu engagieren und eigene Schritte zu setzen, wird es auch kein Unternehmen für sie tun.

Erfolg ist nicht davon abhängig, ob jemand der geborene Verkäufer ist, einen bestimmten Bildungsgrad besitzt oder bereits Erfahrung im Geschäftsleben gesammelt hat. Die entscheidenden Merkmale sind vielmehr eine positive Einstellung, Durchhaltevermögen und die Bereitschaft zu lernen und zu arbeiten. Selbst das ideale Unternehmen mit den besten Produkten kann einen Networker nicht erfolgreich machen. Das kann nur er selbst.

Persönliche Voraussetzungen für den Beruf des Networkers

Die wichtigste Voraussetzung für Erfolg ist eine positive Einstellung. Das gilt für Network-Marketing ebenso wie für alle anderen Bereiche des Lebens. Die innere Einstellung hat großen Einfluss auf die Leistung. Denn die Gedanken sind sehr mächtig. Sie sind mit entscheidend für das, was im Leben geschieht. Das

Unterbewusstsein handelt so, als ob unsere Vorstellungen bereits Wirklichkeit wären. Wer stets Negatives in sich aufnimmt, wird irgendwann selbst negativ. Wer positiv denken will, sollte sich mit positiven Dingen umgeben. Jeder hat die Wahl. »Der Mensch ist, was er glaubt«, sagte einst Anton Tschechow (1860–1904).

Positive Menschen mit einer fröhlichen, freundlichen Ausstrahlung wirken auf andere Menschen anziehend. Je positiver, offener und umgänglicher ein Networker ist, umso mehr Menschen fühlen sich zu ihm hingezogen und umso leichter wird es ihm fallen, über sein Geschäft zu reden. Ohne positive Einstellung kann er niemals die Anziehungskraft auf andere ausüben, die notwendig ist.

Vorsicht vor Pessimisten

Oft wird es dem Networker schwer fallen, sich seine positive Einstellung zu bewahren. Denn Skeptiker und Pessimisten gibt es zur Genüge:

»Traumdiebe« werden sich in Hülle und Fülle zu Wort melden, sobald Sie Ihr Netzwerk-Marketing-Geschäft in Angriff nehmen. Es sind dies Freunde mit den besten Absichten und Familienangehörige, die sich berufen fühlen, Sie mit den Worten »Das ist unmöglich!« oder »Du bist ja verrückt!« auf den rechten Weg zurückzubringen. Sie müssen Ihre positive Einstellung schützen. Sobald Sie sich einigermaßen etabliert haben, sind es möglicherweise genau diese »Traumdiebe«, die sich Ihrer untergeordneten Organisation anschließen werden.   Averill/Corkin, »Netzwerk-Marketing«

Eine positive Einstellung ist eine Fähigkeit, die man lernen und stetig weiterentwickeln kann. Positive Menschen sehen in jeder Situation eine Chance und haben Vertrauen in die eigenen Fähigkeiten. Sobald sich Networker die Grundkenntnisse ihres Geschäfts angeeignet haben, hängen Erfolg und Misserfolg nicht zuletzt von der inneren Einstellung und dem eigenen Selbstwertgefühl ab.

Denn die Menschen kaufen, weil sie von den Produkten überzeugt sind. Sie kaufen aber auch, weil sie die betreffende Person mögen. Dabei ist es einerlei, ob der andere Autos verkauft oder Zahncreme. So merkwürdig es klingen mag: Die Menschen mögen nur jemanden, der sich selbst mag. Wenn es dem Networker nicht gelingt, sich selbst zu schätzen und Vertrauen in sich selbst zu haben, wie soll es da anderen gelingen?

Persönliche Weiterentwicklung

Wer es nicht schon längst getan hat, sollte damit beginnen, seine persönliche, positive Imagekampagne zu starten. In fast jeder Buchhandlung gibt es Bücher für die persönliche Weiterentwicklung. Wer konsequent daran arbeitet, wird bald feststellen, dass er mit anderen besser kommuniziert – eine Grundvoraussetzung, um im Network-Marketing Erfolg zu haben.

Zudem sollten Neueinsteiger nach Möglichkeit die angebotenen Schulungen und Trainings ihres Unternehmens und ihrer Upline besuchen. Nur so können sie sicher sein, dass sie das richtige Wissen und Werkzeug auf ihrer Reise zum Erfolg im Gepäck haben. Die persönliche Weiterentwicklung erfordert allerdings Zeit und Geduld.

Am Anfang sollten Sie nicht versuchen, mit Riesenschritten voranzukommen, sondern mit kleinen Schritten, bis Sie soweit sind, den nächsten größeren Schritt zu nehmen. Setzen Sie sich das Ziel, einfach mit anderen zu reden: Das allein ist schon ein Sieg. Sprechen Sie mit anderen auf dem Sportplatz. Sprechen Sie mit anderen in Restaurants und in Kaufhäusern. Dabei müssen Sie nicht über Ihr Geschäft reden. Üben Sie, freundlich zu sein, und lernen Sie, zu kommunizieren. **Paula Pritchard, »Wie Sie sich selbst besitzen«**

Network-Marketing ist ein »menschliches Geschäft.« Der Schlüssel zum Erfolg liegt darin, anderen Menschen mit einer positiven Einstellung zu begegnen und diese für sich zu gewinnen.

Wille zum Erfolg

Networker müssen sich ihrem Beruf verpflichten und die Verantwortung für ihre Leistungen übernehmen. Natürlich ist es viel einfacher, nach den ersten Rückschlägen aufzugeben und sich einzureden, Network-Marketing hätte nicht funktioniert. Andererseits gelingt es Hunderttausenden, durch Network-Marketing hohe Einkommen zu erzielen und ein erfülltes Leben zu führen. Entscheidend ist der unbedingte Wille, erfolgreich zu sein.

»Was immer du tun kannst, oder wovon du dir erträumst, es zu tun, beginn' es. Die Kühnheit besitzt Genie, sie besitzt Macht und Zauberkraft«, heißt es bei Johann Wolfgang von Goethe (1749–1832).

Wer Network-Marketing mit Kühnheit und Engagement betreibt, wird zwangsläufig erfolgreich sein. Er muss allerdings die bedingungslose Verpflichtung eingehen, daran zu arbeiten, bis es wirklich funktioniert. Neueinsteiger sollten zunächst an den kleinen Dingen arbeiten. Die kleinen Erfolge werden ihnen das Selbstbewusstsein geben, die großen Dinge anzugehen. Jeder Sieg ist ein gutes Gefühl.

Führung durch Vorbild

Wer erfolgreich sein will, sollte sich mit erfolgreichen Menschen umgeben. Im Idealfall gestalten angehende Networker ihre Umgebung so, dass diese zu ihrem persönlichen und geschäftlichen Erfolg beiträgt. Sie suchen den Kontakt zu jenen Männern und Frauen des Unternehmens, die anerkannte und führende Persönlichkeiten sind und deren Vorstellungen, Wünsche und Ziele sie teilen. John Kalench formuliert es so:

Jeder Mensch, der in allem, was er tut und ist, sein Bestes erreichen will, sollte in meinen Augen Vorbilder haben, denen er folgen kann. Er sollte die Eigenschaften und Individuen, die er respektiert und bewundert, sorgfältig auswählen. Und diese dann als glänzende Beispiele und Vorbilder betrachten, die er in seinem Verhalten nachahmen kann.

Andererseits sollten Neueinsteiger in den ersten Monaten keine Wunder erwarten, sondern sich die nötige Zeit lassen, die der Aufbau einer Organisation erfordert. Warum basteln manche Menschen ein Leben lang an der eigenen Karriere, doch dem Versuch, ein Network-Marketing-Geschäft aufzubauen, wollen sie nur ein paar Monate Zeit einräumen? Network-Marketing ist kein Wettlauf. Manche müssen ein bisschen mehr an sich arbeiten, bis sie ein Geschäft aufbauen. Andere bringen bessere Voraussetzungen für den Umgang mit Menschen mit. Doch das ist nicht entscheidend. Was wirklich zählt, sind eine positive Einstellung und der Wille zum Erfolg.

Schritt für Schritt zum Ziel

Was auch immer jemanden zum Einstieg ins Network-Marketing bewogen hat – er muss sein Ziel im Auge behalten. Ohne Ziel werden Neueinsteiger scheitern. Für den einen ist es Geld, für den anderen ist es die Anerkennung, für den Dritten vielleicht die persönliche Freiheit, die Network-Marketing bietet. Wie auch immer – der nächste Schritt auf dem Weg zum Erfolg besteht darin, die persönlichen und beruflichen Ziele festzulegen. Viele Menschen leben ihr Leben, ohne zu wissen, wohin sie wollen. Doch ohne Ziele wird man nie etwas wirklich Wesentliches erreichen.

Erfolgreiche Menschen richten ihr Denken auf Ergebnisse aus. Und sie treffen zwei grundlegende Entscheidungen. Zum einen entscheiden sie sich für ein Ziel und für einen Zeitpunkt, bis zu dem sie dieses Ziel erreicht haben wollen. Zum anderen sind sie bereit, für das Erreichen ihres Ziels die entsprechende Leistung zu erbringen.

Mag das Ziel noch so weit entfernt sein, mit Disziplin und Beharrlichkeit rückt es in greifbare Nähe. Getreu dem alten chinesischen Sprichwort: »Eine Reise von tausend Meilen beginnt mit dem ersten Schritt.« Der Weg dorthin ist vergleichbar mit einer langen Fahrt im Auto. Zunächst erreicht man die nächste Stadt, dann die Autobahn, dann die Landesgrenze etc., etc. Ziele zeigen, ob man auf dem richtigen Weg ist. Ohne Ziel treiben die Menschen haltlos dahin.

So arbeitet ein erfolgreicher Networker

 **Begeisterung für das Produkt**

Die Produkte oder Dienstleistungen sind die Grundlage eines jeden Network-Marketing-Geschäfts.

Trotzdem sind gute Produkte nicht gleichbedeutend mit einem hohen Umsatz. Noch wichtiger als die Produkte selbst ist die Einstellung des Networkers dazu. Er muss von ihnen überzeugt, ja begeistert sein. Wenn er nicht begeistert ist, wie soll er dann andere begeistern? Und er sollte selbst sein bester Kunde sein. Nur wenn er die Produkte verwendet, weiß er, wie sie aussehen, schmecken, riechen und sich anfühlen. Nur dann kann er die Fragen seiner Kunden kompetent beantworten.

Lange Erklärungen sind allerdings ermüdend. Die Kunden möchten wissen, welche Vorteile ihnen das Produkt bringt. Sie interessieren sich nicht für seine technischen Eigenschaften oder Inhaltsstoffe. Ein Reinigungsmittel beispielsweise soll sauber machen. Die wenigsten interessieren sich für seine Bestandteile.

Gewichtsreduzierende Produkte können von Vorteil sein. Wenn der Networker dadurch selbst abgenommen hat, ist die Wirkung für alle sichtbar. Das weckt Neugierde. Wer möchte nicht ein ähnliches Ergebnis erzielen? Es ergibt sich schnell eine Gelegenheit, um über die Produkte zu sprechen. Binnen kürzester Zeit ist er von Zuhörern umringt und kann seine Geschichte erzählen – der Traum eines jeden Networkers.

2. Aufbau des Geschäfts

Wer kennt nicht Cola? Jeder kennt Coca-Cola. Die Erfolgsgeschichte dieses Produkts ist unglaublich.

Alles begann im Winter 1885. Der Apotheker Dr. John S. Pemberton war davon besessen, etwas zu erfinden, das sowohl ein allumfassendes Heilmittel als auch ein vollkommenes Getränk war. Damit würde er genug Geld verdienen, um sein Traumlabor und obendrein eine großzügige Wohnung für seine Familie finanzieren zu können. Immerhin hatten andere Erfinder, die über weit weniger Bildung und Engagement verfügten, mit ihren patentierten Arzneien jede Menge Geld verdient. Der Apotheker aus Georgia wusste, dass er auf dem richtigen Weg war. Vor allem, nachdem er von einer neuen wunderbaren Pflanze mit medizinischen Eigenschaften gelesen hatte, die hoch oben in den peruanischen Bergen wuchs.

Zunächst erfand er mit Hilfe der peruanischen Koka-Pflanze die »French Wine Coca«, ein Gemisch aus Bordeaux-Wein und Koka-Extrakt. Er warb in der gesellschaftlichen Oberschicht mit den wohltuenden Eigenschaften seines Getränks, und der Absatz entwickelte sich höchst erfreulich. Ein Alkoholverbot machte jedoch Pembertons Traum vom schnellen Geld ein jähes Ende.

Wieder begann er zu experimentierten. Er änderte seine Wine-

Coca-Formel, indem er als Erstes den Wein wegließ. Um den unangenehmen Geschmack des Koka-Extrakts zu überdecken, fügte er aromatische Öle und Gewürze hinzu: Zitrone, Orange, Vanille, Muskatnuss, Koriander und Zimt. Das Ergebnis war ein »nicht apothekenpflichtiges Medikament« gegen Kopf- und Migräneschmerzen, von dem man »einen Teelöffel auf ein Glas Wasser« nehmen sollte.

Das Glück kam Pemberton zu Hilfe, als er eines Tages unbeabsichtigt den Sirup mit kohlensäurehaltigem Wasser statt mit normalem Wasser mischte. Die Leute liebten das prickelnde Getränk vom ersten Tag an. Es brauchte nur noch einen guten Namen, doch auch der war bald gefunden: Coca-Cola. Von da an war der Siegeszug des Getränks rund um die Welt nicht mehr aufzuhalten.

Asa Candler, ein befreundeter Apotheker, kaufte die Coca-Cola-Formel dem sterbenden Pemberton ab und trieb für das Getränk einen enormen Werbeaufwand. Am 29. Januar 1892 wurde *The Coca-Cola Company* als Aktiengesellschaft in das Firmenregister von Georgia eingetragen. 1895 berichtete Candler, dass »*Coca-Cola* nun in jedem Staat der Vereinigten Staaten verkauft und getrunken wird.« In den folgenden Jahren wurde die Sirupherstellung auf andere Produktionsorte ausgedehnt: Dallas, Chicago, Los Angeles und Philadelphia.

Asa Candler hat das große Ganze gesehen. Er hatte bereits zu Beginn der Firmengründung eine Vision für sein Unternehmen. Ob er sich vorgestellt hat, dass Cola eines Tages in jedem amerikanischen Haushalt, an jeder Tankstelle, in jedem Laden und in jedem Hotel dieser Welt zu finden sein würde?

Wie auch immer – Candler wusste von Beginn an, dass er *Coca-Cola* nicht allein vermarkten konnte. Er musste ein Vertriebsnetz aufbauen. Zunächst ein kleines, dann ein großes, dann ein noch größeres. Irgendwann wurde sein Produkt weltweit verkauft. Im Network-Marketing ist es genauso. Erfolgreiche Networker müssen ein Netzwerk von Geschäftspartnern aufbauen – je größer, desto besser. Wie aber finden sie geeignete Geschäftspartner?

Einhundert Namen und mehr

Um möglichst viele Menschen effizient anzusprechen, erstellen Networker eine Liste aller in Frage kommenden Personen. Sie bringen die Namen und Telefonnummern all jener zu Papier, die sie kennen und jemals gekannt haben – von ihrer Kindheit an bis heute. Alle Arbeitskollegen, Nachbarn, Schulfreunde, Lehrer, Sportkameraden. Diese Kandidatenliste ist eines der wichtigsten Instrumente im Network-Marketing. Es gibt wohl kaum einen erfolgreichen Networker, der ohne sie arbeitet.

Die Liste sollte hundert Namen und mehr umfassen. Statistiken besagen, dass jeder Mensch im Durchschnitt mindestens 400 andere Menschen kennt. Möglicherweise sind darunter auch Personen, mit denen man unter keinen Umständen zusammenarbeiten will, die man nicht mag oder die bereits sehr alt sind. Das ist nicht von Bedeutung. Wichtig ist nur, dass kein Name außer Acht gelassen wird.

Die Kandidaten sortieren

Im zweiten Schritt wird eine Auswahl getroffen. Denn im Network-Marketing geht es nicht darum, Leute zu überreden. Es geht darum, sie zu sortieren und jene zu finden, die für das Produkt und die Geschäftsidee offen sind.

Die Menschen, die als potenzielle Mitstreiter in Frage kommen, werden in drei Kategorien klassifiziert. Zu ersten Gruppe gehören all jene, die Visionen haben und voller Ehrgeiz sind. Sie können andere Menschen begeistern und haben eine große Anziehungskraft. Die zweite Gruppe umfasst jene Personen, die mit ihrer Arbeit unzufrieden sind. Leute, die ihre Arbeit, ihren Chef oder ihre Kollegen nicht mögen. Zur dritten Kategorie zählen diejenigen, die sich etwas wünschen. Sie sind nicht unzufrieden mit ihrem Job, aber sie wollen mehr – zum Beispiel mehr Freizeit, ein neues Auto oder ein größeres Haus.

An dritter Stelle steht das Telefongespräch mit den ausgewählten Kandidaten, um einen Termin für eine Präsentation zu vereinbaren. Nur so gelingt es, dem anderen die Geschäftsidee verständlich zu machen. Produktgespräche am Telefon machen wenig Sinn. Wer es sich zur Pflicht macht, eine bestimmte Anzahl von Kandidaten pro Tag, pro Woche und pro Monat anzurufen, wird überrascht sein, wie schnell sich sein Terminkalender füllt.

3. Präsentation vor Publikum

Von einer gelungenen Präsentation hängt zu einem Großteil Erfolg oder Misserfolg des Geschäfts ab.

Deshalb ist es wichtig, die Präsentation so gut wie möglich zu machen. Andererseits sollten Networker nicht den Ehrgeiz haben, die Präsentation zu perfektionieren. Sie sollten sie einfach zeigen, ohne die Dinge unnötig kompliziert zu machen.

Auch Neueinsteiger können mühelos eine gelungene Präsentation erstellen. Die Network-Unternehmen stellen meist alle benötigten Hilfsmittel zur Verfügung: Infobroschüren, Videos, Hörkassetten, CDs und DVDs zum Unternehmen und seinen Produkten, aber auch fertige Präsentationen, die man nur auswendig zu lernen braucht. Wer eine Präsentation auswendig kann, hat die Freiheit, sie überall aus dem Stegreif zu zeigen – das gibt Sicherheit und Souveränität. Ideal ist es natürlich, die Präsentation seines persönlichen Vorbilds nahezu auswendig zu lernen.

Die Situationen, in denen Networker ihr Geschäft vorstellen, sind unterschiedlich. Es gibt zum Beispiel die Eins-zu-Eins-Präsentation. Dabei geben Networker eine Präsentation nur für eine Person – meist zu Hause oder im Büro. Weitere Möglichkeiten sind Präsentationen vor einer kleinen Gruppe von Leuten oder aber vor großem Publikum. Letztere finden meist in Hotels oder großen Besprechungsräumen statt. Dank moderner Technologie sind heute auch Präsentationen im Rahmen von Konferenzschaltungen oder Präsentationen via Satellit möglich. Wo immer man sein Geschäft vorstellt – eine Präsentation sollte nicht länger als eine Stunde dauern. Länger können und wollen sich die Zuhörer meist nicht konzentrieren.

Ebenfalls wichtig ist der berühmte erste Eindruck. Wie der Spruch sagt: »Den ersten Eindruck kann man nur einmal machen.« Wer weiß schon, dass sich der Durchschnittsmensch in den ersten Minuten des Kennenlernens bis zu 40 verschiedene Urteile über den anderen bildet? Wie der andere aussieht, sein Lächeln, seine Frisur, was er sagt und wie er es sagt – all dies und mehr wird in den ersten zwei oder drei Minuten beurteilt. Deshalb gehört zu einer professionellen Präsentation und zu einem professionellen Auftritt auch die entsprechende Kleidung.

Schließlich sollten Networker am Ende ihrer Präsentation die Interessenten ausdrücklich einladen, sich dem Geschäftsmodell anzuschließen. Viele Gelegenheiten gehen ungenutzt vorbei, weil manche Kandidaten nie konkret gefragt wurden, ob sie einsteigen wollen oder nicht.

4. Die Macht des Duplizierens

Einer der wichtigsten Begriffe im Network-Marketing ist das Wort Duplizieren.

Im Wörterbuch wird Duplizieren wie folgt definiert: eine genaue Kopie des Originals herstellen, etwas noch einmal tun oder wiederholen. Ursprünglich kommt das Wort vom lateinischen »duplicare« und bedeutet »verdoppeln.«

Ein Beispiel für die Zweier-Duplikation: Am Anfang ist ein Networker allein. Er verdoppelt sich und ist zu zweit. 2 verdoppelt sind 4. 4 werden zu 8, 8 zu 16. 16 verdoppeln sich zu 32, 32 zu 64, 64 zu 128, 128 zu 256 usw., usw. Im Network-Marketing ist Duplizieren der Schlüssel für riesiges Wachstum. Seine Wirksamkeit liegt in der Einfachheit. Je mehr Geschäftsvorgänge sich leicht kopieren lassen, desto größer wird der Erfolg sein.

Allzu großer Perfektionismus sollte allerdings vermieden werden. Wer zur Geschäftspräsentation einen Raum im besten Hotel der Stadt anmietet, im teuren Anzug erscheint, sich als brillanter Rhetoriker entpuppt und erlesene Speisen servieren lässt, wird kaum Nachahmer finden, die ihn duplizieren. Im Gegenteil: Er verschreckt potenzielle Kandidaten. Denn sie gehen mit dem Gefühl nach Hause, dass sie niemals in der Lage sein werden, so eine Vorstellung zu geben.

Deshalb sollte alles so einfach wie möglich sein. Für die erste Präsentation im kleinen Kreis ist die eigene Wohnung der geeignete Ort. Wenn die Kandidaten danach den Eindruck haben, dass sie auch so einen Abend veranstalten könnten, ist es perfekt gewesen. Sie sind in der Lage, die Präsentation bei passender Gelegenheit zu duplizieren.

Network-Marketing – gleiche Chancen für alle

Network-Marketing ist für fast jeden Menschen geeignet. Ob jemand auf der Suche nach einem Zweiteinkommen ist oder seinem bisherigen Arbeitsplatz komplett den Rücken kehren möchte, Network-Marketing bietet eine viel versprechende Perspektive. Manche ergreifen die Gelegenheit beim Schopf, um endlich den Zwängen des Alltags zu entfliehen und ein selbstbestimmtes Leben zu führen.

Andere wollen durch eine neue Herausforderung ihr Selbstbewusstsein stärken oder einfach nur mehr Geld verdienen. Wieder andere möchten sich selbst verwirklichen und ihr wahres Potenzial entfalten. Network-Marketing eignet sich für alle, die sich persönlich weiterentwickeln und finanziell unabhängig werden wollen. Zudem hat jeder Networker die gleiche Chance. Jeder fängt in der gleichen Position an und kann alle Möglichkeiten der Schulung und des Trainings nutzen, die ihm angeboten werden. Zulassungsbeschränkungen oder Klassenunterschiede gibt es nicht.

Kein Konkurrenzdenken

Darüber hinaus entscheidet jeder selbst, wie viel er arbeit und wie sehr er sich engagiert. In der Regel machen die Network-Unternehmen keine Umsatzvorgaben. Deshalb ist Network-Marketing ein äußerst gerechtes System, bei dem allein die persönliche Leistung über den beruflichen Aufstieg entscheidet. Bei entsprechendem Einsatz ist es sogar möglich, den eigenen Sponsor auf dem Weg nach oben zu überholen.

Auch Konkurrenzdenken, wie es sonst im Arbeitsleben üblich ist, gibt es im Network-Marketing nicht. Im Gegenteil: Je mehr der Sponsor seiner Downline zum Erfolg verhilft, desto erfolgreicher wird er letztlich selbst. Teamarbeit und gegenseitige Unterstützung statt Hierarchiekämpfe und Ellbogenmentalität – das ist im Network-Marketing der Schlüssel zu finanzieller und persönlicher Unabhängigkeit.

Zweites Standbein

Selbstständige und Unternehmer sind geradezu prädestiniert für Network-Marketing. Sie haben eine Menge Stress, hohe laufende Kosten, aber kaum Freizeit. Der Arbeitsdruck ist groß – und der Wille, etwas Grundlegendes zu ändern, ebenfalls. Sie bringen unternehmerisches Denken mit und sind sich darüber im Klaren, dass ein hohes Einkommen entsprechenden Einsatz erfordert.

Angestellte und Arbeiter, die aus ihrem bisherigen Beruf nicht aussteigen wollen oder können, haben die Möglichkeit, sich abends und am Wochenende mit Network-Marketing ein zweites Standbein aufzubauen. Oft übertrifft das Einkommen aus Network-Marketing nach wenigen Jahren das Einkommen des bisherigen Jobs.

Ältere Menschen spielen in unserer Gesellschaft eine immer wichtigere Rolle. Ihre Lebenserwartung steigt, und viele suchen im Alter neue Aufgaben und Herausforderungen. Sie schätzen die Gesellschaft anderer und führen gerne gute Gespräche. Zudem haben ältere Menschen jede Menge Lebenserfahrung – eine ideale Basis für den Erfolg im Network-Marketing. Das zusätzliche Einkommen zur Aufbesserung ihrer Rente ist ebenfalls willkommen – und zukünftig für viele sogar ein Muss.

Neue Perspektiven für Arbeit

Besonders erfolgreich sind Frauen und Mütter im Network-Marketing. Für viele von ihnen gibt es auf dem traditionellen Arbeitsmarkt kaum Möglichkeiten, Familie und Beruf optimal zu vereinbaren. Network-Marketing ist für sie eine Chance, die sie gerne beim Schopf ergreifen. Sie können sich ihre Zeit frei einteilen und Geld verdienen, ohne die Familie zu vernachlässigen.

Zu den erfolgreichsten Networkern gehören Ehepaare. Häufig ergänzen sie sich perfekt in ihren unterschiedlichen Stärken und Talenten. Durch Network-Marketing können sie mehr Zeit miteinander verbringen und gemeinsam an Zielen arbeiten.

Gerade für arbeitslose Menschen bietet Network-Marketing interessante berufliche Perspektiven. Vielen, die den Start in dieser Branche gewagt haben, ist es gelungen, eine tragfähige Existenz aufzubauen. Verschiedene Fördermöglichkeiten der Agenturen für Arbeit erleichtern den Start.

Kein finanzielles Risiko

Ein weiterer Pluspunkt von Network-Marketing: Im Gegensatz zu den meisten anderen Geschäftsgründungen birgt es in der Regel kaum ein finanzielles Risiko. Gewöhnlich fallen bei einer klassischen Existenzgründung hohe Kosten für Gebäude, Maschinen, Produktion und Wareneinkauf an.

Bei Network-Marketing kostet der Start nicht mehr als das Starterset. Zudem erreichen viele Networker die Gewinnzone bereits in den ersten Monaten. Bei einer herkömmlichen Existenzgründung muss man hierfür unter Umständen einige Jahre kalkulieren.

Passives Einkommen

Besonders reizvoll an Network-Marketing ist das passive Einkommen. Der normale Arbeitnehmer verdient nur dann Geld, wenn er selbst arbeitet. Anders im Network-Marketing: Schritt für Schritt baut der Networker eine Organisation aus Vertriebspartnern auf und profitiert von deren Umsätzen. Vom amerikanischen Milliardär Andrew Carnegie ist folgendes Zitat überliefert: »Ich würde lieber ein Prozent aus den Anstrengungen von hundert Leuten verdienen als 100 Prozent von meinen eigenen Anstrengungen.«

Er hat es auf den Punkt gebracht. Durch die im Marketingplan festgelegten Provisionen sind dem persönlichen Einkommen kaum Obergrenzen gesetzt. Was bedeutet: Im Network-Marketing ist alles möglich. Auch ein Millioneneinkommen.

Persönliche Freiheit

Weit mehr als die Verdienstmöglichkeiten aber wiegt die persönliche Freiheit, die Network-Marketing bietet. Mit der Möglichkeit, über die eigene Zeit selbst zu bestimmen, wird für viele der größte Wunsch endlich Wirklichkeit.

Trotz dieser Freiheit darf eines nicht vergessen werden: Auch Networker müssen hart arbeiten.

Nicht unbedingt zu den üblichen Bürozeiten, aber dennoch

ausdauernd, beharrlich und diszipliniert. Bevor sich der geschäftliche Erfolg einstellt, sind intensive Anstrengungen und noch mehr Fleiß notwendig. Wer Network-Marketing wie ein Hobby betreibt, wird scheitern.

Vertriebsweg der Zukunft

Die vielleicht wichtigste Voraussetzung für den Erfolg sind Spaß und Freude an der Arbeit. Paula Pritchard, selbst eine äußerst erfolgreiche Networkerin, erklärt: »Zugegeben, Sie werden das Leben nicht immer aufregend finden und nicht jeden Tag genießen. Doch im Großen und Ganzen muss ich sagen, dass Network-Marketing das vergnüglichste Geschäft ist, mit dem ich je zu tun hatte. Durch Network-Marketing habe ich mehr liebe Freunde gewonnen, als ich jemals für möglich gehalten hätte. Ich habe Teile dieser Welt gesehen, die ich zu sehen nicht einmal geträumt habe. Und ich habe mich zu einem Grad weiterentwickelt, den ich nie für möglich gehalten hätte.«

Die Autoren Mary Averill und Bud Corkin sind überzeugt, dass Network-Marketing »im nächsten Jahrzehnt einen schwindelerregenden Boom erleben wird« und »auf dem besten Wege ist, weltweit zur mächtigsten Vertriebsmethode zu werden«. Network-Marketing ist der Vertriebsweg der Zukunft, Networker ist der Beruf der Zukunft. Jeder Einzelne muss entscheiden, ob er in diesem Beruf auch für sich eine Zukunft sieht.

Es gibt zwar keine erforderliche Qualifikation, und der Berufsweg steht grundsätzlich jedem offen, dennoch erleichtern einige »Soft Skills« den Einstieg enorm. Dazu gehören Aufgeschlossenheit, Freude am Umgang mit Menschen, Teamgeist, Begeisterungsfähigkeit, aber auch Selbstdisziplin und Durchhaltevermögen.

Der folgende Quick-Check wurde von der Fachzeitung Network-Karriere zusammengestellt und hilft Kandidaten bei der Entscheidungsfindung.

Quick-Check: Wer eignet sich wirklich als Networker?

	☺	😐	☹
Ich arbeite gern im Team	☺	😐	☹
Ich bin diszipliniert	☺	😐	☹
Ich reise gern	☺	😐	☹
Neue Dinge lernen macht mir Spaß	☺	😐	☹
Ich bin kontaktfreudig	☺	😐	☹
Ich übernehme gern Verantwortung	☺	😐	☹
Ich bin ehrgeizig	☺	😐	☹
Ich arbeite gern selbstständig	☺	😐	☹
Ich bin ein gutes Vorbild	☺	😐	☹
Ich möchte Geld verdienen	☺	😐	☹
Ich arbeite gern	☺	😐	☹
Ich bin flexibel	☺	😐	☹
Ich bin gern erfolgreich	☺	😐	☹
Ich bin sehr ehrlich	☺	😐	☹
Ich habe Durchhaltevermögen	☺	😐	☹
Ich bin optimistisch	☺	😐	☹
Ich bin sehr glaubwürdig	☺	😐	☹
Ich habe eine gute Menschenkenntnis	☺	😐	☹
Ich bin serviceorientiert	☺	😐	☹
Ich liebe Veränderungen	☺	😐	☹
Smileys gesamt			

Legende: voll und ganz   na ja   weniger

➤ Auswertung

☺ Herzlichen Glückwunsch an alle, die überwiegend Smileys für sich verbuchen können! Dem Erfolg steht nichts mehr im Wege, denn alle Voraussetzungen für diese Branche werden erfüllt. Wer so gut abschneidet, sollte den Schritt wagen und sich etwas vollkommen Neues und Lukratives aufbauen. Es gibt keinen Grund, länger zu warten.

☺ Beim Quick-Check wurden überwiegend neutrale Gesichter angekreuzt? Damit besitzen potenzielle Networker viele Eigenschaften, die für Network-Marketing erforderlich sind. Der letzte Kick fehlt allerdings noch. Wenn sie bereit sind, noch an sich zu arbeiten, steht dem Erfolg nichts mehr im Wege.

☹ Die Voraussetzungen für den Einstieg ins Network-Marketing sind alles andere als optimal. Trainings und Schulungen können eine Hilfe sein und das notwendige Rüstzeug vermitteln. Trotzdem stellt sich die Frage: Kann es nicht ein anderer Beruf sein?

Zusammenfassung

➜ Die Studie »Network-Marketing in Deutschland 2005« nimmt als wissenschaftlich fundierte Untersuchung eine Ausnahmestellung in der Literatur ein. Networker unterschiedlichster Network-Unternehmen wurden befragt, mehr als 35 Fragen pro Teilnehmer ausgewertet. Bezeichnend für die Studie ist die Objektivität, mit der sie die Situation des Network-Marketing in Deutschland widerspiegelt. Bei den Ergebnissen fällt besonders die hohe Zufriedenheit der Networker auf. Mehr als drei Viertel sind mit ihrem Beruf zufrieden, viele sogar sehr zufrieden.

→ Bei der Wahl des geeigneten Network-Unternehmens ist eine Reihe von Kriterien zu berücksichtigen: Das ideale Unternehmen ist wirtschaftlich stabil, vertritt innovative Strategien und wird von einem engagierten Management geführt. Es sollte Produkte anbieten, die möglichst jeder Haushalt benötigt. Das garantiert einen stabilen Umsatz. Zudem sollte sich der Networker für einen Wachstumsmarkt entscheiden und Produkte wählen, die im Trend liegen. Ausschlaggebend für seinen Erfolg sind außerdem Schulungs- und Trainingsmöglichkeiten sowie ein lukrativer Marketingplan.

→ Zu den persönlichen Fähigkeiten, die jeder Networker mitbringen sollte, gehören eine positive Einstellung, der Wille zum Erfolg und ein klar definiertes Ziel. Ohne positive Einstellung hat der Networker keine positive Ausstrahlung und wird andere nur schwer für seine Geschäftsidee begeistern können. Unbedingter Wille, verbunden mit Pflichtgefühl, Engagement und Disziplin, ist eine weitere unabdingbare Voraussetzung für Erfolg. Nicht zuletzt müssen Neueinsteiger ihr Denken auf Ergebnisse ausrichten und das Ziel im Auge behalten. Ohne Ziel werden sie unweigerlich scheitern.

→ Die Arbeit des Networkers umfasst viele Aspekte. An erster Stelle stehen die Produkte. Sie sind die Grundlage eines jeden Network-Marketing-Geschäfts. Noch wichtiger als die Produkte selbst ist die Einstellung des Networkers dazu. Er muss von ihnen überzeugt sein und sie selbst verwenden. Darüber hinaus bauen erfolgreiche Networker ein Netzwerk von Geschäftspartnern auf. Wesentliches Instrument hierfür ist eine Kandidatenliste. Nur so gelingt es, jene Menschen zu finden, die Network-Marketing als Chance und Gelegenheit erkennen.

→ Die Präsentation ist eines der wichtigen Mosaikstücke im großen Network-Marketing-Puzzle. Eine professionelle Präsentation entscheidet darüber, ob andere Menschen die Geschäftsidee aufgreifen oder nicht. Das Duplizieren gehört ebenfalls zum Rüstzeug eines jeden Networkers. Das Geschäft sollte so einfach wie möglich organisiert sein, damit es dupliziert werden kann. Duplikation wiederum ist die Voraussetzung eines rasch wachsenden Geschäfts.

→ Network-Marketing bietet vielfältige Chancen. Es eignet sich für alle jene, die den Zwängen des Alltags entfliehen und ein selbstbestimmtes Leben führen wollen. Menschen mit Führungseigenschaften wie Selbstständige oder Unternehmer haben im Network-Marketing beste Karrierechancen. Aber auch Frauen mit Kindern oder ältere Menschen, die vom Arbeitsmarkt oft ausgegrenzt werden, sehen für sich eine neue Perspektive. Network-Marketing ist auf dem besten Weg, eine der wichtigsten Vertriebsmethoden der Zukunft zu werden. Seine wesentlichen Vorteile gegenüber herkömmlichen Vertriebswegen sind ein geringes finanzielles Risiko, passives Einkommen, finanzielle Unabhängigkeit und persönliche Freiheit.

Die Begeisterungsfähigkeit

trägt deine Hoffnungen empor zu den Sternen.

Sie ist das **Funkeln in deinen Augen,**

die **Beschwingtheit deines Ganges,**

der **Druck deiner Hand** und

der **Wille** und

die **Entschlossenheit,**

deine **Wünsche**

in die Tat umzusetzen.

Henry Ford, amerikanischer Automobilproduzent, 1863-1947

03

Sieben Top-Networker erzählen ihre Erfolgs- geschichte

Ein Ehepaar als Dream-Team:

Karriere mit vereinten Kräften

Yvonne und Martin Ernst, Herbalife

Yvonne und Martin Ernst sind ein eingespieltes Team. Die Rollenverteilung des Ehepaares, das zu den Top-Networkern von Herbalife zählt, ist perfekt.

»Wir ergänzen uns optimal und sind zusammen im Network-Geschäft gewachsen. Einer allein hätte diese Karriere kaum gemacht«, erklärt Yvonne Ernst. »Dabei war es für mich immer wichtig, dass wir gleichberechtigt sind – auch wenn ich nicht alle Fähigkeiten habe, die mein Mann hat – und umgekehrt.« Beide arbeiten gemeinsam im Produktverkauf oder am Aufbau neuer Geschäftspartner. Beide veranstalten Trainings oder halten Seminare. Dennoch hat jeder von ihnen seine persönlichen Stärken und Schwächen.

Yvonne Ernst sieht sich als »Kopfmensch«, der die notwendige Arbeit am Schreibtisch erledigt und so ihrem Mann den Rücken freihält. Sie bringt sich gerne in Projektgruppen ein, greift neue Ideen auf und setzt diese konsequent um. »Ideen sind gut, wenn man sie mit anderen teilt.« Deshalb ist sie auch diejenige, die mehr mit dem Unternehmen zusammenarbeitet. Martin Ernst ist der »Bauchmensch«, wie seine Frau es nennt. Er hat tagtäglich Kontakt zu Beratern und Interessenten. *Herbalife*-Berater aus aller Welt können ihn unter seiner persönlichen Telefonnummer erreichen. Dabei ist es unwichtig, ob sie der eigenen oder einer fremden Organisation angehören.

Fester Zeitplan

Beide genießen es, von zu Hause aus zu arbeiten und sich ihre Zeit frei einteilen zu können.

Ein eigenes Konzept mit einer individuellen Internetlösung erleichtert die Arbeit im Home-Office. Mail-Order-Marketing ist nur ein Baustein davon. »Mein Mann ist ein absoluter Technikfreak. Bei uns ist alles online und verkabelt«, erzählt Yvonne Ernst. Natürlich sind beide auch unterwegs, um Interessenten,

Kunden und Geschäftspartner zu treffen. Vor allem vor und nach Produkteinführungen sind sie gefordert und auf vielen internationalen Veranstaltungen vertreten. Den Hauptteil ihrer Zeit aber verbringen sie in den eigenen vier Wänden. Davon profitieren nicht zuletzt die beiden Söhne des Paares, die sieben und neun Jahre alt sind.

Selbst wenn das Arbeiten zu Hause viele Freiheiten lässt, sind Disziplin und Engagement unerlässlich, um erfolgreich zu sein. Dazu gehört auch ein Zeitplan, der den Alltag im Hause Ernst in feste Bahnen lenkt. Das gemeinsame Frühstück mit den Kindern ist ebenso ein Fixpunkt wie das tägliche Sportprogramm, mit dem das Ehepaar den Tag beginnt. Auf dem Plan stehen Kraftsport, Joggen oder Yoga. »Wir haben keinen Lieblingssport, aber wir bewegen uns einfach leidenschaftlich gerne. Manche bezeichnen Sport als Hobby, für mich ist es eher Verantwortung dem eigenen Körper gegenüber«, sagt Yvonne Ernst.

Nicht nur Körper und Geist tanken beim gemeinsamen Frühsport auf. Das Ehepaar nutzt die Gelegenheit auch, um das Tagesgeschäft zu besprechen und sich abzustimmen. Nur durch diese genaue Planung ist es möglich, dass einer von beiden den Nachmittag mit den Kindern verbringen kann, ihre Hausaufgaben betreut oder mit ihnen etwas unternimmt. Die Hauptarbeitszeit hat das Paar in die Abendstunden verlegt, wenn die Kinder im Bett sind und kein Telefon mehr klingelt.

Arbeit am Abend

Die Erfolgsgeschichte des Paares begann 1993, als Martin Ernst durch einen Button auf *Herbalife* aufmerksam wurde. Bis zu diesem Zeitpunkt wusste der gelernte Einzelhandelskaufmann so gut wie nichts über Network-Marketing. Er folgte der Einladung zu einer Informationsveranstaltung und fand die Geschäftsidee interessant. Yvonne Ernst studierte damals Betriebswirtschaft.

Das Paar konnte sich gut vorstellen, im Network-Marketing zu arbeiten, und begann voller Elan. »Martin und ich waren jung und naiv genug, um nicht alles zu hinterfragen. Wir haben einfach angefangen. Wir waren motiviert, wir waren beliebt, wir hatten Erfolg. Das hat dazu geführt, dass ich mein Studium nicht zu Ende gebracht habe«, erklärt Yvonne Ernst. Die Erfolgskurve ging steil nach oben, und Martin Ernst machte Network-Marketing zu seinem Hauptberuf. Doch sie mussten Lehrgeld bezahlen: »Wir waren einfach zu jung und unerfahren, um den Erfolg aufrechtzuerhalten. 1995 haben wir wieder neu angefangen und erst einmal kleine Brötchen gebacken.«

Daraus hat sich eine gewisse Arbeitssystematik entwickelt, und das Geschäft ist Schritt für Schritt gewachsen. 1998 haben Yvonne und Martin Ernst die höchste Stufe im Karriereplan von *Herbalife* erreicht und gehören seitdem zum *President's Team*. Seit 2000 sind sie Mitglied im *Chairman's Club*, der besonders qualifizierten Führungskräften vorbehalten ist.

Die gemeinsame Arbeit für dasselbe Ziel empfindet das Ehepaar auch nach zwölf Jahren Network als ideal. Unerlässlich sind allerdings eine hervorragende Kommunikation und ein permanenter Informationsaustausch. Der Ehepartner sollte im gleichen Umfang über alles informiert werden wie die Partner in der Downline, erklärt Yvonne Ernst. Unbedingtes gegenseitiges Vertrauen gehört für sie ebenso dazu wie die Bereitschaft, dem Ehepartner Kompetenzen zu übertragen und Entscheidungen zu überlassen.

»Zudem sind Martin und ich sehr authentisch. Wir geben uns so, wie wir sind. Und wir tun nichts, was wir nicht gerne tun.« Trotzdem haben beide ganz unterschiedliche Charaktere. Yvonne Ernst wird leicht ungeduldig und neigt zu Perfektionismus. Was immer sie sich vorgenommen hat, bringt sie zu Ende. Martin Ernst denkt gerne in Visionen und lebt in Gedanken manchmal in der Zukunft. Auf seinem Schreibtisch herrscht ein kreatives

Chaos, weil er sich meist mit mehreren Dingen gleichzeitig beschäftigt. Diese gegenseitigen Stärken und Schwächen kompensiert das Paar in idealer Weise und bildet ein Dream-Team, das gemeinsam unschlagbar ist.

Privates Glück

Und der Preis des Erfolgs? »Man muss bereit sein, auch Entbehrungen auf sich zu nehmen«, meint Yvonne Ernst. Vor allem nach den Rückschlägen im Jahr 1995 hat das Paar seine ganzen Kräfte mobilisiert und fast rund um die Uhr gearbeitet. »Denn ein Schnell-reich-werden-Schema gibt es nicht.« Um erfolgreich zu sein, ist es ihrer Meinung nach entscheidend, seine Hemmungen zu überwinden und andere anzusprechen Sie selbst hat es vorgezogen, Geschäftspartner aus dem sozialen Umfeld zu werben. »Im anonymen Bereich zu rekrutieren, kostet viel Kraft und Geld. Aber es gibt viele Wege zum Glück, und jeder sollte den ausprobieren, der ihm liegt.«

Als Paar unschlagbar: Yvonne und Martin Ernst im Kreis ihrer Führungskräfte.

Yvonne und Martin Ernst haben ihren persönlichen Weg zum Glück gefunden. Für sie ist die gemeinsame Arbeit im Network-Marketing der Schlüssel zum Erfolg gewesen. Obwohl sie ein perfektes Arbeitsteam sind, sehen sie sich in erster Linie als Ehepaar. Sie haben eine sehr enge persönliche Bindung, die geprägt ist von gegenseitiger Liebe und Vertrauen, aber auch von Achtung und Respekt. Wenn das Paar nicht im Network aktiv ist, verbringt es seine Zeit am liebsten mit den beiden Kindern, die das private Glück komplett machen.

→ Yvonne und Martin Ernst

Yvonne Ernst ist 34 Jahre alt und hat Betriebswirtschaft studiert, bevor sie ins Network-Marketing eingestiegen ist. Sie spielt Klavier, kocht leidenschaftlich gerne und liest sehr viel. Martin Ernst ist ebenfalls 34 Jahre alt und gelernter Einzelhandelskaufmann. Er begeistert sich für jede Form von Technik. Beide treiben viel Sport, der fester Bestandteil ihres Lebens ist. Das Paar hat zwei Söhne im Alter von sieben und neun Jahren.

→ Herbalife International

wurde 1980 von Mark Hughes (1956–2000) gegründet und ist an der New Yorker Börse notiert. Seit April 2003 steht Michael O. Johnson an der Spitze des Unternehmens. Mit mehr als 1 000 000 unabhängigen Beratern ist *Herbalife* in rund 60 Ländern vertreten.

Die Produktpalette umfasst Nahrungsergänzungs- und Körperpflegemittel, aber auch Duftserien. Der Jahresumsatz liegt bei rund 1,8 Milliarden US-Dollar. Das Unternehmen engagiert sich sehr stark im sozialen Bereich durch die *Herbalife Family* und die *International Family Foundation*.

Sitz der Unternehmenszentrale ist Los Angeles/Kalifornien. Die deutsche Niederlassung befindet sich in Darmstadt.

Eine Präsentation für alle

Rolf Kipp, Forever Living Products

2,2 Millionen Berater in 83 Ländern dieser Erde – das ist die Downline von Rolf Kipp. Damit hat der Top-Networker die weltweit größte Organisation von Forever Living Products (FLP) aufgebaut.

Eines seiner wichtigsten Arbeitsmittel sind Telefonkonferenzen. Denn ihm ist es wichtig, dass so viele Berater wie möglich die Informationen von ihm aus erster Hand bekommen – und nicht abgewandelt oder verfälscht. Diese Telefonkonferenzen beziehen sich entweder auf ein bestimmtes Produkt- oder Geschäftsthema oder es sind offene Konferenzen in Form von Frage und Antwort. Die Konferenzen werden simultan übersetzt, und nicht selten sind bis zu 1000 Menschen aus dem In- und Ausland zugeschaltet.

Trotz seines enormen Erfolgs bezeichnet Rolf Kipp seinen Werdegang als eine »ganz gewöhnliche Story«. Denn er ist ein Mann der leisen Töne, ruhig, sachlich, zurückhaltend und mit einem Sinn für Understatement. Die »ganz gewöhnliche Story« begann mit einem Zeitungsartikel über *FLP*, der Kipp vor zehn Jahren in die Hände fiel. Er war beeindruckt von der Idee, den

Produkten, vor allem aber von Firmengründer Rex Maughan. Es kam ein Kontakt mit *FLP* zustande, und Kipp entschied sich, bei dem Unternehmen einzusteigen – »wobei ich mir mit Shampoo, Zahncreme und Seife meine Zukunft wirklich nicht vorgestellt hatte.« Eine gewisse Skepsis blieb.

Kein klassischer Networker

Er begann zunächst nebenberuflich mit Network-Marketing – und die Anfänge waren alles andere als ermutigend. »Das Geschäft ist damals äußerst zäh angelaufen. Von zehn Gesprächen hatte ich neun Absagen. Keiner kannte das Produkt, niemand wusste, dass man Aloe Vera trinken kann, es gab keine Erfolge vorzuweisen. Ich habe mich durchkämpfen müssen. Zudem habe ich in meinem Geschäft fast jeden Fehler gemacht, den man machen kann. Das hat mich Geld, Zeit und Nerven gekostet.«

Bevor er hauptberuflich ins Network-Marketing einstieg, arbeitete Rolf Kipp als Vertriebsleiter bei einem internationalen Unternehmen für Sportartikel. Was ihn in diesem Job auszeichnete, war seine Professionalität. Im Network-Marketing war sein Hang zum Perfektionismus eher von Nachteil. Seine Berater hatten Mühe, ihn zu kopieren. »Ich habe zu viel mit dem Kopf und zu wenig aus dem Bauch heraus gearbeitet«, meint der Networker im Nachhinein. Ständig machte er sich Gedanken, wie er sein Geschäft einfacher und damit duplizierbar machen könnte.

Schließlich begann er, alles aufzuzeichnen und seinen Beratern zu Verfügung zu stellen: Präsentationen, Flipcharts, Audio-CDs. Diese mussten bei Veranstaltungen nur noch die Begrüßungsworte sprechen und dann den Startknopf ihres Beamers drücken. »Wir haben dafür gesorgt, dass die Leute optimal starten können.« Zudem trat ein gewisser Lerneffekt ein. Wer die Präsentation einige Male vom Band gehört hatte, konnte sie bald in ähnlicher Weise vortragen. Der Erfolg dieser Methode war überwältigend, der Umsatz explodierte.

Mehr Selbstbewusstsein

Sein Erfolgsrezept lässt sich leicht auf den Punkt bringen: Je einfacher das Geschäft, desto leichter ist es duplizierbar, desto mehr Geschäftspartner können es nachahmen. Das gilt auch für den Produktverkauf. Von rund 70 Produkten, die *FLP* vertreibt, konzentriert sich Rolf Kipp auf dasjenige, das sich am besten verkauft. Dabei handelt es sich um ein Aloe-Vera-Gel, welches in vier verschiedenen Varianten

Fliegen – eine Leidenschaft des Top-Networkers Rolf Kipp.

zum Trinken angeboten wird. »Die anderen Produkte werden zwar mit verkauft, aber die gesamte Akquisition, der gesamte Geschäftsaufbau konzentriert sich auf ein Produkt.«

Ein weiteres Merkmal seines Geschäfts ist die internationale Ausrichtung. »Denn ein Hocker auf drei Beinen kann nicht umfallen. Jedes Land hat Höhen, aber auch Tiefen.« Umsatzeinbrüche eines Landes kann er unter Umständen durch Umsatzsteigerungen eines anderen Landes ausgleichen.

Besonders stark vertreten ist die Organisation von Rolf Kipp in den osteuropäischen Ländern wie Rumänien, Ungarn und Bulgarien. Im Gegensatz zu Deutschland ist es in jenen Ländern erlaubt, mit der Heilwirkung von Aloe Vera zu werben. Entsprechend viele Ärzte, Heilpraktiker und Professoren sind bei ihm als Berater registriert. Sie laden ein zu Veranstaltungen zum Thema Aloe Vera, stehen auf der Bühne und referieren über die Heilkräfte der Pflanze, die schon seit Jahrtausenden in vielen Ländern der Erde zur inneren und äußeren Behandlung verwendet wird.

Natürlich hat er sich durch Network-Marketing auch persönlich weiterentwickelt. Sein Selbstbewusstsein ist größer geworden. »Das wird schon allein dadurch gestärkt, dass wir mit fremden und vor fremden Menschen reden«, erklärt er. »Früher hätte ich vor fünf Fremden niemals den Mund aufgemacht.« Heute spricht er mitunter auch vor 30 000 Leuten. Selbst dann ist Lampenfieber für ihn kein Thema. Es ist nur noch eine Frage der Technik, um alle Menschen akustisch zu erreichen.

Dankbar für alles

Zu den schönsten Seiten des Geschäfts gehört es für den Top-Networker, jeden Tag neue Menschen kennen zu lernen. Es macht ihm Spaß, sich immer wieder auf neue Charaktere einzustellen, von seiner Geschäftsidee zu erzählen und andere dafür zu begeistern.

Er selbst, das bestätigen ihm jedenfalls Freunde und Bekannte, hat sich als Mensch nicht verändert. »Ich schwebe nicht auf Wolken, sondern bin immer auf dem Boden der Realität geblieben. Und ich bin sehr froh und dankbar für alles, was ich bekommen habe. Aber ich weiß auch, wem ich es zu verdanken habe. Ich schätze alle, die dabei sind und mitarbeiten. Und ich weiß, was manche Leute durchmachen, um Erfolg zu haben.«

Denn wie überall gibt es auch im Network-Marketing Licht und Schatten. Rolf Kipp hat es sich zur Lebensphilosophie gemacht, weder Erfolge noch Misserfolge über Gebühr zu bewerten. Stattdessen bemüht er sich, mit sich selbst im Einklang zu sein und sich nicht von extremen Stimmungen beeinflussen zu lassen. »In einem solchen Geschäft kann alles passieren. Es gibt Höhen und Tiefen, es gibt Lachen und Weinen. Aber wenn es das nicht gäbe, wäre es dann wirklich so schön, an einem gesetzten Ziel anzukommen?«

Soziales Engagement

Aus Überzeugung investiert er einen beträchtlichen Teil seines Einkommens in gemeinnützige Projekte. Da er selbst Vater eines 13-jährigen Sohnes ist, liegt ihm das Wohl von Kindern besonders am Herzen.

Unter seiner Federführung werden beispielsweise die tristen Pausenhöfe an hessischen Grundschulen in kreative Spielplätze umgebaut. Für eine Schule seiner Umgebung hat er einen Theatersaal einrichten lassen, eine andere Schule wurde mit einem Medienraum ausgerüstet. »Wenn ich 25 glückliche Kinder sehe, begeistert mich das viel mehr, als wenn ich auf der Bühne stehe und einen Prämienscheck bekomme«, sagt Kipp.

Network-Marketing kämpft aus seiner Sicht noch immer mit Imageproblemen. »Es gibt immer noch zu wenige, die wirklich mit stolzer Brust sagen, ich bin ein Networker und ich stehe zu hundert Prozent dazu«. Selbst erfolgreiche Networker machen aus ihrem Beruf oft ein Geheimnis. Dabei hat die Branche nicht den geringsten Grund, sich zu verstecken. Durch Network-Marketing sind Karrieren entstanden, die in der freien Wirtschaft ihresgleichen suchen. Doch die meisten bleiben unbemerkt, und viele Networker bekommen nicht die Anerkennung, die sie verdienen. »Ich jedenfalls werde in den nächsten zehn oder fünfzehn Jahren alles dafür tun, damit sich das Image von Network-Marketing verbessert«, so Kipp – »durch gute und seriöse Arbeit und durch viele, viele kleine Erfolgsstorys, die wir vorweisen können.«

→ Rolf Kipp

wurde 1964 in Seeheim-Jugenheim bei Darmstadt geboren. Er ist gelernter Einzelhandelskaufmann und hat Betriebswirtschaft studiert, bevor er eine Position als Vertriebsleiter im Sportartikelbereich übernahm. Innerhalb von zehn Jahren hat er die weltweit größte Organisation von *FLP* aufgebaut.

Er interessiert sich für jede Form von Sport und betreibt selbst Volleyball, Inlineskating, Windsurfen, Tennisspielen und Klettern. Zudem kocht der Top-Networker, der einst eine Lehre als Koch begonnen hat, sehr gerne. Rolf Kipp ist Vater eines 13-jährigen Sohnes.

→ Forever Living Products (FLP)

wurde 1978 von Rex Maughan in Phönix/Arizona gegründet. Seit 1995 ist das Unternehmen in Deutschland vertreten. *FLP* bietet Aloe-Vera-Produkte zur Nahrungsergänzung, Körper- und Hautpflege und zur dekorativen Kosmetik an. Ergänzt wird das Aloe-Vera-Portfolio durch Produkte aus dem Bienenstock.

Die Zahl der Berater weltweit umfasst 7,5 Millionen. Der Umsatz betrug 2004 weltweit 2,1 Milliarden US-Dollar.

Der Sitz der deutschen Zentrale von *FLP* ist in Frankfurt am Main.

Voraussetzung für eine Network-Karriere:

»Es muss ein Funke im Herzen sein«

Holger Kunath, LR International

Wer denkt mit 18 Jahren schon an Network-Marketing? Wohl die wenigsten. Holger Kunath ist einer dieser wenigen. Der heute 33-jährige startete bereits im Alter von 18 Jahren bei LR International mit Network-Marketing.

Es begann kurz vor dem Abitur, als ihm ein Freund *LR International* vorstellte. Holger Kunath war zuerst kaum interessiert. »Ich konnte mir nicht vorstellen, als Mann mit Parfüm und Kosmetik mein Geld zu verdienen.« Trotzdem entschied er sich einzusteigen, um sein Taschengeld etwas aufzubessern. Dass er eine beispiellose Karriere bei *LR International* machen würde, ahnte damals niemand. Am wenigsten er selbst. »Ich war kein Senkrechtstarter. Ich habe monatelang immer 100 oder 200 Mark verdient, das war für mich als Schüler viel Geld. Der Groschen fiel, als die Schecks weiter kamen, obwohl ich gar nicht viel dafür gearbeitet hatte.«

Nach einer Schulung bei *LR International* änderte sich seine Einstellung entscheidend. Zum ersten Mal sah er Network-Marketing als Chance, mehr aus sich und seinem Leben zu machen.

Er beschloss, sich intensiver um sein Geschäft zu kümmern, und definierte das Ziel neu. Statt nur sein Taschengeld aufzubessern, wollte er das erste eigene Auto mit Network-Marketing verdienen. Nach einiger Zeit konnte er den Traum vom eigenen Auto tatsächlich verwirklichen.

Nebenbei machte er sein Abitur und wurde zum Wehrdienst eingezogen. In seinen Augen ein verlorenes Jahr. Doch Holger Kunath wäre nicht Holger Kunath, wenn er diese Zeit nicht sinnvoll genutzt hätte. »Die Zeit am Abend und am Wochenende habe ich in das Geschäft investiert – mit dem Ergebnis, dass nach der Bundeswehrzeit die Provision schon über 10 000 Mark im Monat betrug. Das war für einen 20-Jährigen natürlich gigantisch.« Sein Geschäft wuchs von Monat zu Monat.

Nägel mit Köpfen

Zum Leidwesen seiner Eltern beschloss der damals 20-Jährige, nicht wie geplant zu studieren, sondern Network-Marketing zu seinem Beruf zu machen. Sein Vater war früher Schuldirektor, seine Mutter Lehrerin – und beide waren von seiner Entscheidung alles andere als begeistert.

Doch Holger Kunath ließ sich nicht beirren. Er hatte bereits Network-Kollegen, die ein Vielfaches seines Einkommens verdienten, und entsprechend hoch war seine Motivation. Um Nägel mit Köpfen zu machen, wechselte er den Wohnort und zog von Bad Hersfeld nach Schifferstadt in eine für ihn fremde Gegend. Er wollte mit Network-Marketing eine Existenz aufbauen und setzte sich selbst unter Erfolgszwang. »Das ist ein wichtiger Punkt. Die meisten betreiben Network-Marketing wie ein Spiel. Gewonnen – schön, verloren – auch nicht schlimm. Mit dieser Einstellung kann niemand Karriere machen.«

Drei Jahre lang arbeitete er fast rund um die Uhr. Sein Domizil war eine 60 Quadratmeter große Wohnung, die er zum Büro umfunktionierte. Gab es überhaupt ein Wohnzimmer?

Nein – das war auch Büro. Gestört hat ihn das nie. Er war ledig, hatte keine Familie, keine Verpflichtungen. Stattdessen machte er Network. Morgens, mittags, abends. »Ich habe für diese Idee gelebt«, meint er, und das ist wohl auch sein Erfolgsgeheimnis. Sich mit Leib und Seele einer Sache zu verschreiben, andere für seine Idee zu begeistern und täglich bis an die eigenen Grenzen zu gehen – das ist der Stoff, aus dem Erfolgsgeschichten sind. Natürlich will nicht jeder rund um die Uhr arbeiten. Ein solides Einkommen ist im Network-Marketing auch mit weniger Einsatz möglich. »Aber wer wirklich an das große Geld will, muss eine gnadenlose Einstellung haben.«

Wichtig ist nach Meinung von Holger Kunath vor allem, dass Networker zunächst nebenberuflich beginnen. Sie müssen allerdings bereit sein, die Doppelbelastung von Haupt- und Nebenberuf auszuhalten. »Denn es ist das Vernünftigste, aus einer gesicherten Existenz mit Network-Marketing zu starten.«

Das private Glück krönt den geschäftlichen Erfolg.

Akquise von Beratern

Bei der Akquise seiner Berater setzte Holger Kunath zu Beginn seiner Network-Karriere auf das persönliche Umfeld: Freunde, Verwandte, Bekannte, Schulkameraden, Sportkollegen. Erst als diese Möglichkeiten ausgeschöpft waren, begann er mit der so genannten Kaltakquise.

Sein bevorzugtes Terrain waren Tankstellen, denn das Auto bietet immer Gesprächsstoff. Schon das Nummernschild kann ein Aufhänger sein. Beispiel gefällig? »Ich sehe, Sie kommen aus Frankfurt? Darf ich fragen, was Sie beruflich machen? Ist ja interessant! Ich bin selbstständig, und wir sind gerade dabei, in Ihrer Gegend zu expandieren. Vielleicht können wir einmal ins Geschäft kommen.« Dann werden Karten oder Telefonnummern getauscht – und schon ist der erste Schritt gemacht.

Obwohl er schon viele Jahre im Geschäft ist, kostet es ihm manchmal noch heute Überwindung, fremde Menschen anzusprechen. »Aber das ist genau der Punkt, wo sich die Spreu vom Weizen trennt«, meint er. »Um sich zu überwinden, muss das Ziel größer sein als die Angst.« Bei Fremdkontakten spielt die persönliche Sympathie eine große Rolle. Menschen, die ihm völlig unsympathisch sind, spricht Holger Kunath einfach nicht an.

Negative Erfahrungen hat er so gut wie nie gemacht. Voraussetzung dafür ist ein offenes, selbstsicheres und vor allem höfliches Auftreten. »Denn genauso, wie man in den Wald hineinruft, so schallt es zurück.«

Keine voreilige Auswahl

Bei der Rekrutierung seiner Berater trifft Holger Kunath grundsätzlich keine voreilige Auswahl. Er hat die Erfahrung gemacht, dass jüngere Menschen unter 25 Jahren zwar schnell zu begeistern sind, aber das Geschäft oftmals nicht mit der notwendigen Konsequenz und dem notwendigen Durchhaltevermögen betreiben.

Besonders willkommen als Berater sind ihm daher etwas ältere Menschen oder auch Selbstständige. »Sie haben bereits die Erfahrung gemacht, wie schwer es ist, für Geld zu arbeiten. Deshalb wissen sie das Network-Geschäft ganz anders zu schätzen.« Zudem bevorzugen ältere Menschen qualitativ hochwertige Produkte und gehören damit zur Zielgruppe von *LR International*.

Das eigentliche Geheimnis seines Erfolgs beschreibt er so: »Das Entscheidende ist, dass jemand Ziele im Leben hat. Es muss ein Funke im Herzen sein, der durch dieses Geschäft zum Feuer entfacht wird.«

Motiviert und engagiert

Heute ist Holger Kunath bei *LR International* Präsident und führt mit seiner jungen Familie ein sorgloses Leben. Mit dem Einzug in die neue Villa ist vor kurzem ein weiterer Traum in Erfüllung gegangen. Dennoch hat der Top-Networker nach wie vor Visionen und wird sich weiterhin engagieren, um seine Organisation auszubauen und noch vielen Menschen zum Erfolg zu verhelfen.

Zu seinen besonderen Fähigkeiten gehört es, andere Menschen von einer Idee zu begeistern und ihnen Mut und Selbstvertrauen zu geben. Darüber hinaus ist er in der Lage, schwierige Zusammenhänge so auf den Punkt zu bringen, dass sie jeder verstehen kann.

→ Holger Kunath

ist 33 Jahre alt, verheiratet und Vater eines dreijährigen Sohnes. Er startete bereits im Alter von 18 Jahren mit Network-Marketing. Heute hat er bei *LR International* den Rang eines Präsidenten erreicht. Zu seinen Hobbys zählen Mountainbiking, Joggen, Skifahren und Tauchen. Wenn er Muße hat, liest er auch gerne ein gutes Buch. Holger Kunath lebt heute mit seiner Familie in Schriesheim in der Nähe von Heidelberg.

→ LR International

wurde 1985 in Ahlen/Westfalen gegründet. Die Produktpalette besteht aus Parfüm-, Kosmetik- und Körperpflegeprodukten sowie einem umfangreichen Sortiment an Nahrungsergänzungsmitteln. Seit einigen Jahren arbeitet der Konzern mit prominenten Partnern zusammen. Duft- und Pflegeserien tragen die Namen von Stars wie Michael Schumacher, Heidi Klum, Boris Becker, Udo Walz oder Iris Berben. Ergänzt wird die Produktpalette von *LR International* durch eine neue Aloe-Vera-Reihe.

Das Unternehmen ist heute in 25 europäischen Ländern und Australien mit über 100 000 aktiven Beratern vertreten.

Seit 1985 konnten die Umsätze kontinuierlich gesteigert werden. Der Jahresumsatz 2004 betrug 304 Millionen Euro.

Der Hauptsitz von *LR International* ist in Ahlen.

»Sammle 1000 Neins und du bist reich!«

Carsten Ledulé, PM International

Als Carsten Ledulé 1993 Rolf Sorg kennen lernte, nahm das Schicksal seinen Lauf. Rolf Sorg gründete damals gerade PM International und empfahl dem Allergiker ein Produkt, das in Amerika hervorragende Ergebnisse erzielt hatte.

Denn Carsten Ledulé litt seit seiner Kindheit unter allergischen Reaktionen: geschwollene Augen, triefende Nase, gerötete Haut. 90 Kapseln für damals 49 Mark überstiegen zwar fast sein Budget, aber sie brachten Linderung. Nach drei Monaten ging es ihm besser. »Andere wollten das Produkt auch. Ich habe es ihnen empfohlen. So war der Start.«

Trotzdem dachte der Chemielaborant, der damals noch bei *BASF* in Ludwigshafen arbeitete, nicht im Entferntesten daran, dass er eines Tages mit an der Spitze eines Network-Unternehmens stehen würde. Stattdessen startete er bei *PM International* mit dem Ziel, 700 bis 800 Mark nebenbei zu verdienen. Allerdings war es schon immer sein Traum, sich selbstständig zu machen. »Ich bin mit 18 Jahren von zu Hause ausgezogen und musste auf eigenen Füßen stehen. Geld war nie da. Einen Laden zu eröffnen, war einfach nicht möglich.« Mit Network-Marketing kam er seinem Traum von der selbstständigen Existenz einen entscheidenden Schritt näher.

Gleich zwei Mentoren unterstützten ihn dabei. Der erste war der Gründer von *PM International* selbst. Rolf Sorg hat ihn begleitet, entscheidend geprägt und durch alle Höhen und Tiefen des Geschäfts geführt.»Er ist der Schlüsselfaktor, warum ich heute überhaupt noch im Geschäft bin. Denn es gab immer wieder Momente, in denen ich aufhören wollte.« Der absolute Tiefpunkt war für Carsten Ledulé erreicht, als er einen Geschäftspartner verlor, der zur Konkurrenz wechselte und zwei Drittel des Umsatzes mitnahm. Sorg ermunterte ihn, die Ärmel hochzukrempeln statt aufzugeben. Zudem liegt es im Naturell von Carsten Ledulé, Schwierigkeiten die Stirn zu bieten. Sein Motto: Jetzt erst recht!

Ein Kontakt pro Tag

Ledulés zweiter Mentor war Larry Thompson, einer der erfolgreichsten Networker weltweit. Er trainierte ihn zusammen mit anderen ausgewählten Führungskräften. Nur zu gut kann sich Ledulé an die Zeit von damals erinnern.»Ich habe ein enormes Trainingsprogramm bewältigen müssen. Meine Aufgabe war es, zehn Kontakte pro Tag zu machen. Das war unbeschreiblich hart. Aber heute weiß ich, warum ich das gemacht habe. Es ging damals weniger darum, neue Geschäftspartner zu werben. Viel wichtiger war es, eine tägliche Arbeitsmethodik zu entwickeln, Verantwortung für sich selbst zu übernehmen und über die eigene Schmerzgrenze hinauszugehen.«

Bis heute prägen die einzelnen Bausteine aus Thompsons »Wealth-Building-Programme« die Arbeitsweise und Einstellung von Carsten Ledulé. Eiserne Disziplin und das brennende Verlangen, selbst gesteckte Ziele zu erreichen, sind die Grundlage seines Erfolgs. Nur so ist es ihm gelungen, zum »selbstfunktionierenden

Berater« zu werden, wie Larry Thompson ihn sich wünschte.

Mit seinen eigenen Beratern geht die Führungskraft von *PM International* schonender um. Ein Kontakt pro Tag ist die Richtschnur, um ein erfolgreicher Networker zu werden. Das ergibt 30 Kontakte pro Monate und etwa 2000 Euro Nebeneinkommen nach einem Jahr. Nach drei Jahren ist eine Position im *President's Team* im Bereich des Möglichen.

Es geht also nicht um das schnelle Geld, sondern um einen schrittweisen, stetigen Aufbau des Geschäfts. Wer nur dem Ruf des Geldes folgt, wird nach Meinung von Carsten Ledulé keinen langfristigen Erfolg haben. »Ich bin ein Kind des Produkts. Für mich steht das Produkt immer im Vordergrund. In unserer Branche wird viel zu viel über Geld geredet. Ich persönlich habe praktisch noch nie jemanden über das Thema Geld ins Geschäft gebracht.«

Ein ganz normaler Berater

Für Carsten Ledulé ist es wichtig, mit den Beratern an der Basis in Kontakt zu bleiben. Dass das für einen Networker in Spitzenposition eher ungewöhnlich ist, will er nicht hören. Er sieht sich selbst als einen ganz normalen Berater, der vor 13 Jahren die Chance bekam, sich selbstständig zu machen. An der Basis zu bleiben, Mensch zu bleiben, nicht abzuheben – das ist für ihn ebenso entscheidend wie für seine Geschäftspartner. Wenn ein Berater ihn anruft und um Unterstützung bittet, ist er zur Stelle, sofern er es nur irgendwie einrichten kann. Dass sein Terminkalender prall gefüllt und sein Arbeitspensum nach wie vor enorm ist, verwundert nicht. Oft ist er schon um sechs Uhr morgens im Büro.

Er versteht es als seine Pflicht, andere erfolgreich zu machen. Deshalb ist er stets darüber informiert, was in der Tiefe seiner Organisation geschieht. »Ich weiß bis zur vierten und fünften Ebene bei fast allen Leuten, was vor sich geht. Und das ist gut.

Nur so kann ich sehr, sehr schnell reagieren.« Dabei ist er nicht nur Unternehmer, sondern auch Verkäufer, Organisator, Motivator und Psychologe. Und nicht selten entstehen in diesem Beziehungsgeflecht Freundschaften. Beziehungsmanagement nennt er deshalb die Arbeit, die einen Großteil seines Tages ausfüllt.

Präsentation mit Flipchart und Folie

Das praktische Handwerkszeug, mit dem Carsten Ledulé arbeitet, ist bestechend einfach. Seine Präsentationen macht er mit Stift und Flipchart. »Ich habe keinen Beamer, ich habe keinen Laptop, ich habe keine Multimediapräsentation – ich habe gar nichts. Das Einzige, was ich habe, ist das Know-how in meinen Kopf. Das zeichne ich den Leuten auf, und je öfter ich das zeichne, desto mehr habe ich es verinnerlicht.« Duplikation, so einfach

Eine Auszeichnung aus den Händen von Rolf Sorg (li.), Gründer von PM International.

wie möglich – das ist ein Teil seines Erfolgsrezeptes. Multimediapräsentationen und Effekthascherei sind seine Sache nicht. »Ich werde bei uns als Dinosaurier, ja fast schon als Antiquität gehandelt. Aber das Interessante ist, dass mein System funktioniert.«

Ein weiteres Arbeitsmittel, das er seinen Beratern an die Hand gibt, ist ein Fragenkatalog. 15 einfache Fragen sollen helfen, mit potenziellen Kunden ins Gespräch zu kommen, ohne sofort mit einem Nein abgewiesen zu werden. Essen Sie Obst und Gemüse? Trinken Sie zweieinhalb Liter Wasser pro Tag? Was sind Sie bereit, für Ihre Gesundheit zu investieren? Einfache Fragen, die der Kunde durch Ankreuzen auf einem Zettel beantwortet. »Dann stellt er Fragen – und ich bin automatisch im Gespräch.«

Vorträge über Ernährung

Bekannt sind auch die Ernährungsvorträge von Carsten Ledulé. »Das hat jeder am Anfang belächelt«, meint er heute. Denn zunächst ging es bei diesen Vorträgen weder um das Verkaufen von Produkten noch um das Anwerben neuer Partner. Stattdessen referierte er über die Folgen falscher Ernährung. Die Menschen waren interessiert und fragten nach. Er duplizierte die Vorträge und schulte seine Berater, die dann ebenfalls Vorträge hielten. Mit überwältigendem Ergebnis: »Wir haben diese Veranstaltungen an 16 Orten in Deutschland durchgeführt. Dann hat niemand mehr darüber gelächelt.« Durch das Interesse der Zuhörer konnten viele neue Kunden und Geschäftspartner gewonnen werden. »Das war für mich der entscheidende Punkt – in den Jahren 1995 bis 1997 wurde richtig viel bewegt.«

Natürlich war sein Weg an die Spitze nicht nur von Erfolgserlebnissen gekennzeichnet. Auch Carsten Ledulé musste lernen, mit Ablehnung umzugehen. Geholfen hat ihm dabei der Ratschlag seines Mentors Larry Thompson: »Sammle 1000 Neins und du bist reich.« Am Anfang konnte er nicht verstehen, warum er 1000 Neins auf ein Blatt Papier schreiben und nach jeder Absage eines der Wörtchen durchstreichen sollte. Doch dann begriff er, dass sich mit der Anzahl der Neins auch die Anzahl der Jas erhöhte. Er begann umzudenken, die Neins nicht mehr persönlich zu nehmen – und sammelte. So kam er seinem Ziel Schritt für Schritt näher. Rückblickend meint er lachend: »Bei 458 Neins habe ich aufgehört zu streichen.« Carsten Ledulé war auf der Straße des Erfolgs angekommen.

➜ Carsten Ledulé

wurde 1969 geboren und ist ledig. Er ist gelernter Chemie-laborant und begann 1993 bei *PM International* mit Network-Marketing. Heute hat er die höchste Karrierestufe im Unternehmen erreicht. In seiner Jugend spielte er Fußball in der Südwest-Auswahl, jetzt ist er ein begeisterter Golfspieler. Zu seinen Leidenschaften gehört eine nach seinen Vorstellungen gebaute *Harley Davidson* – ein Jugendtraum, den er sich erfüllte. Als Lebensmotto hat er sich »Carpe diem« zu Eigen gemacht.

➜ PM International

wurde 1993 von Rolf Sorg gegründet und bietet Kosmetik-, Wellness- und Nahrungsergänzungsprodukte an. Die Kernkompetenz des Unternehmens liegt im Bereich Nahrungsergänzung.

PM International verzeichnet zweistellige Wachstumsraten und hat 2004 einen Umsatz von über 120 Millionen Euro erreicht. Das Unternehmen ist in 25 Ländern vertreten und wurde viermal in Folge zu den Top 100 der attraktivsten mittelständischen Arbeitgeber gekürt.

Der Hauptsitz von *PM International* ist in Speyer.

»... als ob ein Stein vom Herzen fällt«

Claus Nagel, Nikken

Der Zufall hatte die Hand im Spiel, als Claus Nagel das erste Mal mit Network-Marketing in Berührung kam.

Über 20 Jahre lang quälten den ehemaligen Finanz- und Immobilienmakler aus Lauf bei Nürnberg schlimme Rückenschmerzen. Schon als junger Bundeswehrsoldat war er deswegen häufiger im Lazarett als im Manöver. Seine Kumpels stempelten ihn als Simulant ab. Eine Odysee durch unzählige Arztpraxen begann. Er ließ nichts unversucht – doch die Schmerzen blieben. Bis ihm eines Tages ein Bekannter eine kleine flexible Platte in die Hand drückte, die Linderung bringen sollte.

Claus Nagel war skeptisch. Dennoch probierte er das Produkt, das sich Rückenflex nannte. Er steckte es zwischen Hosenbund und Lendenwirbelsäule – und die Überraschung war perfekt. Schon nach wenigen Stunden stellte sich ein wohliges Gefühl der Wärme ein. Bald waren die Rückenschmerzen nicht mehr so stechend, und im Laufe von Tagen und Wochen verschwanden sie ganz. »Ich wollte es am Anfang selbst nicht glauben, denn ich bin ein sehr rational veranlagter Mensch«, sagt er. Bis zu diesem

Zeitpunkt war ihm das Unternehmen *Nikken* total unbekannt. Doch nun war die Neugier geweckt.

Erfolgserlebnisse

Eigentlich hatte Claus Nagel überhaupt keinen Grund, mit Network-Marketing zu beginnen. »Meine Frau und ich haben beruflich im Bereich Immobilien und Kapitalanlagen gearbeitet und immer gutes Geld verdient.« Ausschlaggebend für den Start bei *Nikken* war letztlich die Begeisterung für die Produkte. Nebenbei begann er, was heute für ihn Beruf und Berufung zugleich ist: »Am Anfang musste ich mir die Zeit stehlen, um mein Network-Marketing-Geschäft aufzubauen. Doch im Lauf der Zeit hat der Nebenjob immer mehr Spaß gemacht, hier hatte ich einfach mehr Erfolgserlebnisse.«

Wenig später machte Claus Nagel den Neben- zum Hauptberuf. Der Start war beeindruckend: »Wir haben binnen kürzester Zeit 400 bis 500 Leuten die Produkte nahe gebracht.« Mit dem gleichen Tempo stürzte er sich in den Geschäftsaufbau: »Nach vier Wochen war der erste Berater aus Schweden da, dann einer aus Italien, dann einer aus Spanien …« Innerhalb weniger Monate ist es ihm gelungen, ein umfassendes Vertriebsnetz aufzubauen und sich eine Position unter den Top-Networkern von *Nikken Europa* zu erarbeiten. Trotzdem lagen für Claus Nagel Erfolg und Misserfolg in der Anfangszeit eng beieinander. »Wir haben gedacht, das geht so weiter«, erzählt er und spart dabei nicht mit Selbstironie.

Nachdem er bereits in der Immobilienbranche erfolgreich war, wollte er seine Ideen und Konzepte von damals auf Network-Marketing übertragen. »Wir mussten die Erfahrung machen, dass Network-Marketing etwas ganz anderes ist als alles, was wir vorher gemacht hatten. Es hat seine eigenen Gesetze, und vieles, womit wir vorher ganz selbstverständlich gearbeitet hatten, funktionierte einfach nicht.« Die Fehler von damals sind ihm nur zu gut in Erinnerung: »Wir haben zum Beispiel begonnen, neue Broschüren zu entwickeln, bis wir begriffen, dass *Nikken* ein fertiges System anbietet. Dieses System übernehme ich mit der Lizenz. Es ist wie ein Fertighaus, zu dem ich den Schlüssel bekomme.«

In den folgenden Wochen und Monaten war Claus Nagel damit beschäftigt, umzudenken und neu zu lernen.

Residuales Einkommen

Sieben Jahre ist er nun im Geschäft, und die finanzielle Unabhängigkeit, die er durch Network-Marketing erreicht hat, möchte er nicht mehr missen. Mehr noch als die finanzielle ist es allerdings die persönliche Freiheit, die er zu schätzen weiß. Stress, Hektik, Arbeitsdruck und Existenzkampf, wie er es von früher kannte? Mit einem Schlag alles vorbei. »In meinem früheren Geschäft musste ich immer dafür sorgen, dass es angeschoben wird und dass wir genügend

Erfolg durch gute Zusammenarbeit.

Objekte hatten. Mich hat es damals gereizt, ein residuales Einkommen zu erwirtschaften, das jeden Monat größer wird, ob ich da bin oder nicht.«

Lange Zeit hat er es als ganz normal empfunden, repräsentative Büroräume zu haben, viele Angestellte und einen enormen Verwaltungsaufwand. »Alles, was wir vorher jahrelang als selbstverständlich angesehen haben, konnten wir mit einem Schlag beseitigen, den ganzen Ballast über Bord werfen. Das war ein unglaubliches Gefühl der Erleichterung, als ob ein zentnerschwerer Stein vom Herzen fällt.« Heute genießt er diese persönliche Freiheit in vollen Zügen. Er kann seine Zeit frei einteilen und arbeitet von zu Hause aus. Seine Privatadresse ist gleichzeitig die Geschäftsadresse, und alles, so meint er, ist viel einfacher geworden.

Kommunikativ und kontaktfreudig

Darüber hinaus kommt Network-Marketing dem Wesen und Charakter von Claus Nagel entgegen. Er ist ein sehr kommunikativer und kontaktfreudiger Mensch, der gerne auf andere Menschen zugeht und sie unterstützt – Eigenschaften, die er im Network-Geschäft konsequent umsetzen kann. Der große Stratege bei Familie Nagel ist hingegen die Hausherrin: »Meine Frau ist mehr der Zahlentyp, der strukturiert denkt und wie ein Direktor handelt. Vorher habe ich gedacht, ich bin derjenige, der mit Zahlen und Geld umgehen kann, aber ich kam immer ins Schwitzen, wenn es um große Entscheidungen ging.« Heute hat das Paar die Rollen neu verteilt und ergänzt sich perfekt. Claus Nagel trainiert und unterstützt neue Berater, seine Frau betreut die Organisation, analysiert Schwachstellen und veranstaltet Telefonkonferenzen. Der Erfolg spricht für das Ehepaar, das neben seinem beruflichen Engagement ein glückliches Familienleben führt und fünf Kinder hat.

Der Top-Networker hat heute bei *Nikken* den Rang eines *Royal Diamond* erreicht und gehört zum Führungsstab des Unternehmens. Dennoch hat sich an seiner Arbeit im Vergleich zu früher nicht viel geändert. »Ich arbeite jeden Tag an der Basis. Meine Aufgabe ist es, mich um Geschäftspartner zu kümmern – Produktverkäufer war ich noch nie.« Immer und überall ist er auf der Suche nach Partnern, die er für seine Geschäftsidee gewinnen und begeistern kann. »Wir suchen Menschen, die Eigenverantwortung übernehmen, für ihr Leben, ihre Gesundheit, ihre Rente.«

Doch davon gibt es offenbar noch immer zu wenige. Selbst in Zeiten hoher Arbeitslosigkeit wird seiner Meinung nach zu viel gejammert und zu wenig getan. »Network-Marketing könnte jeder machen, doch die wenigsten sind bereit, die Ärmel hochzukrempeln und einzusteigen.« Potenzial ist jedenfalls genügend vorhanden. *Nikken* ist derzeit in 35 Ländern dieser Erde vertreten, bis zum Jahr 2010 sollen es 100 Länder sein. Ein vielfältiges Sortiment an Wellnessprodukten unterstützt das ehrgeizige Ziel. Claus Nagel ist – wie übrigens viele seiner Berufskollegen – überzeugt, dass Wellness einen Boom ohnegleichen erleben wird.

Internationale humanitäre Hilfe

Wenn er sich nicht um sein Network-Geschäft kümmert, engagiert sich Claus Nagel für soziale Zwecke. Er zählt zu den Gründungsmitgliedern des Vereins »Networker for Humanity«, bei dem sich Networker verschiedener Firmen zusammengefunden haben, um internationale humanitäre Hilfe zu leisten. Ein erstes Hilfsprojekt wurde bereits ins Leben gerufen. Es handelt sich um ein Kinderheim in Sri Lanka, das für bislang 300 Waisenkinder ein Zuhause war. Nach der Tsunami-Katastrophe in Südostasien fanden hier weitere 200 Kinder eine Zuflucht, deren Eltern in der Flut ums Leben kamen. Mit Hilfe der Spendengelder sollen zunächst menschen- und lebenswürdige Bedingungen für alle Kinder geschaffen werden. Im nächsten Schritt will der Verein die Schul- und Ausbildung der Kinder unterstützen. Ziel ist dabei die Hilfe zur Selbsthilfe.

Dieses soziale Engagement gewinnt im Leben von Claus Nagel immer stärker an Bedeutung. In Not geratenen Menschen einfach, schnell und unbürokratisch zu helfen, ist für ihn zu einer neuen Lebensaufgabe geworden. Sie macht ihn glücklich und zufrieden.

➔ Claus Nagel

wurde 1955 in Fürth geboren. Er ist verheiratet und Vater von fünf Kindern. Bevor er ins Network-Marketing eingestiegen ist, war er 19 Jahre lang als Finanz- und Immobilienmakler tätig. Sein erklärtes Hobby ist Golfspielen. Zu seinen Vorbildern gehört der Dalai Lama, als Lieblingsbuch nennt Claus Nagel »Die Macht des Unterbewusstseins« von Joseph Murphy. Besonders wichtig ist für ihn die persönliche Weiterentwicklung, an der er kontinuierlich arbeitet.

➔ Nikken

wurde 1975 von Isamu Masuda in Japan gegründet. 1989 startete das Unternehmen in USA, 1996 in Europa. *Nikken* vertritt eine eigene Philosophie, die über den Bereich der körperlichen Gesundheit hinausgeht. Vielmehr basiert Gesundheit bei *Nikken* auf folgenden fünf Säulen: gesunder Körper, gesunder Geist, gesunde Familie, gesunde Gesellschaft und gesunde Finanzen. Befinden sich diese fünf Säulen in einer ausgewogenen Balance, ist für den Menschen ein »umfassendes Wohlbefinden« erreicht.

Nikken bietet Produkte für ein gesundes Zuhause. Das ganzheitliche Wellness-Home-Konzept besteht aus vier Bereichen: Ruhe und Entspannung (Schlafsysteme), Umwelt (Wasser- und Luftsysteme), Ernährung (Nahrungsergänzung und Hautpflege) sowie Fitness (Cardio-Training). Die Kernkompetenz von *Nikken* liegt seit über 30 Jahren im Bereich der Magnetprodukte.

Das Unternehmen ist derzeit in über 35 Ländern dieser Erde vertreten und erzielt weltweit einen Jahresumsatz von über zwei Milliarden US-Dollar.

Die *Nikken*-Weltzentrale hat ihren Sitz in Irvine/Kalifornien. Die deutsche Niederlassung ist in Bonn. Derzeit sind in Deutschland etwa 15 000 Berater aktiv, davon rund 20 Prozent haupt- und 80 Prozent nebenberuflich.

Das Geheimnis des Erfolgs:
Mütterliche Gespräche mit sympathischen Menschen

Maria Schleipfer, Amway Corporation

Die Berührung mit Reinigungsmitteln war für Maria Schleipfer früher eine Qual. Ihre Hände waren nach jedem Hausputz mit roten Flecken übersät – Folge einer allergischen Reaktion gegen die scharfen Substanzen.

Eines Tages bemerkte eine Nachbarin die Flecken und sprach sie darauf an: »Mein Gott, war mir das peinlich«, gesteht Maria Schleipfer heute. Die Nachbarin fand es gar nicht peinlich. »Da habe ich etwas für dich«, meinte sie nur. Es war ein Mehrzweckreiniger von *Amway*, der nicht nur die Hände, sondern das gesamte Leben von Maria Schleipfer verändern sollte.

Das Reinigungsmittel mit dem Namen *L.O.C.* entpuppte sich als wahres Wundermittel. »Seitdem hatte ich keinen Ausschlag mehr an den Händen. Ich war vom Produkt total begeistert.« So kam der erste Kontakt mit *Amway* zustande. Kurze Zeit später spitzte sich im Hause Schleipfer eine finanzielle Krise zu. Das Eigenheim der Familie stand auf dem Spiel. Als ihr Sohn volljährig wurde und auch noch das Kindergeld ausblieb, musste Maria Schleipfer handeln. Die Nachbarin, die ihr Geld mit dem Vertrieb von *Amway*-Produkten verdiente, kam ihr wieder in den Sinn. Ob sie auch in dieses Geschäft einsteigen sollte? Einen Versuch war es wert. Beim nächsten Treffen der *Amway*-Berater saß sie mit in der ersten Reihe. »Meine Mutter hat mich gedrängt«, meinte sie rückblickend. »Sie hat mir keine Ruhe mehr gelassen. Für sie wäre es das Schlimmste gewesen, wenn wir aus dem Haus hätten ausziehen müssen.« 1981 begann Maria Schleipfer, zunächst nebenberuflich, für *Amway* Geschäftspartner zu sponsern. Und weil sie auch bei *Amway* so arbeitete, wie es ihre Art ist, nämlich mit Leidenschaft, Hingabe und Begeisterung, stellte sich der Erfolg sehr schnell ein. Bereits nach vier Monaten betrug ihr Einkommen im Nebenberuf rund 2500 Mark. »Was glauben Sie, wie ich geschaut habe? Können Sie sich vorstellen, wie ich mich gefühlt habe?« Sie stellte ihren bisherigen Beruf in Frage, für den sie sich jahrelang aufgeopfert hatte: »Ich habe immer geglaubt, das Krankenhaus bricht zusammen, wenn es mich nicht mehr gibt. Denn so arbeitet man ja – mit Herz. Als ich gemerkt habe, dass mein Herz nicht mehr am Krankenhaus hängt, ging es mit dem Network-Geschäft kerzengerade nach oben.«

Unermüdlich im Einsatz

Dann überschlugen sich die Ereignisse im Leben von Maria Schleipfer. Freimütig plaudert sie aus dem Nähkästchen. »Ich habe den Scheck über 2500 Mark mit zur Schulung genommen und auf den Tisch gelegt. Die Menschen um mich herum waren sofort interessiert und haben Fragen gestellt. Dann war ich am Montag beim Ersten, der gesagt hat, komm' zu mir, ich lade Leute ein; am Dienstag war ich beim Nächsten, der gesagt hat, komm' zu mir, ich lade Leute ein; am Mittwoch beim Dritten, am Donnerstag waren wir auf Schulung, am Freitag beim Vierten, am Samstag beim Fünften und am Sonntag beim Sechsten. So habe ich sechs Linien in einer Woche betreut.«

Als Nächstes kündigte sie ihren Job als Sekretärin im Krankenhaus. Außer ihrer Mutter verstand das damals keiner. Bekannte und Freunde versuchten sie von ihrem Entschluss, Network-Marketing zum Hauptberuf zu machen, abzubringen. Doch Maria Schleipfer ließ sich nicht beirren – allen Unkenrufen zum Trotz. Bereut hat sie es nie, obwohl sie hart für ihren Erfolg arbeiten musste. Zwölf Stunden pro Tag, oft sogar 16 Stunden, sieben Tage die Woche. Trotzdem war sie immer mit Freude und Begeisterung im Einsatz.

Der Erfolg entschädigte sie für die unermüdliche Arbeit. Und er war so überwältigend, dass die damals 41-Jährige es selbst kaum glauben konnte. »Das können Sie sich nicht vorstellen – der Scheck ist jeden Monat höher geworden.« Sie konnte das Haus behalten, und niemand freute sich mehr darüber als ihre Mutter. Existenzängste gehören seitdem der Vergangenheit an. Der Erfolg machte Maria Schleipfer stark. Die Menschen in ihrer Umgebung fassten Vertrauen zu ihr, aus potenziellen Kandidaten wurden Berater, das Geschäft wuchs mit jedem Monat. »Ich war damals die erste Frau bei *Amway*, die bis an die Spitze gekommen ist. Aber das allein zählte für mich nicht. Ebenso wichtig war mir, dass die Menschen, die ich gesponsert hatte, Geld verdienten.«

Der zielstrebige Geschäftsaufbau führte zu einem raschen Wachstum ihrer Organisation. Die Produkte selbst hatten ebenfalls Anteil am Erfolg. Denn das Unternehmen vertreibt vor allem hochwertige Reinigungsmittel des täglichen Bedarfs, die jeder Mensch jeden Tag braucht. Das garantiert einen stabilen Umsatz. »Die Produkte laufen automatisch. Wenn die Flasche leer ist, wird wieder eine neue gekauft.«

Mütterliche Gespräche

Die wirkliche Stärke von Maria Schleipfer ist ihre unnachahmliche Art, auf Menschen zuzugehen, mit ihnen zu reden, sie zu begeistern und für sich und ihre Idee zu gewinnen. Darin liegt das eigentliche Geheimnis ihres Erfolgs. Mehr noch als durch Produkte und Marketingpläne überzeugt sie durch ihre Persönlichkeit. Obwohl sie eine beeindruckende Karriere gemacht hat, ist sie die Frau von nebenan geblieben. Keine Allüren, keine Spur von Arroganz. Die Sorgen der kleinen Leute sind ihr nicht fremd. Zu lange waren es ihre eigenen Sorgen.

Sie hat Lebenserfahrung, und das spürt jeder, der ein längeres Gespräch mit ihr führt. Für diese intensiven Gespräche, in denen sie versucht, eine Vertrauensbasis zu schaffen, die Wünsche und Ziele ihres Gegenübers zu erfahren und mit Network-Marketing in Einklang zu bringen, hat sie eine eigene Bezeichnung gefunden: Es sind mütterliche Gespräche. Nichts könnte die Begegnung mit ihr treffender beschreiben. Und die Wahl ihrer Gesprächspartner? Die Antwort ist einfach: »Ich spreche die Menschen an, die mir sympathisch sind. Die Chemie muss stimmen.«

Positives Denken

Darüber hinaus ist Maria Schleipfer eine Meisterin des positiven Denkens. »Wenn ich positiv denke, geht es aufwärts, wenn ich negativ denke, geht es abwärts«, so ihre Überzeugung. Konsequent hält sie sich von allem Negativen fern. »Wo negativ geredet

Maria Schleipfer und Willi Steiner mit Doug de Vos (li.) und Steve van Andel (Amway Corporation) beim Founders Council 2005 in Washington, DC.

wird, beteilige ich mich nicht.«

Dennoch gab es auch in der Karriere der Networkerin Phasen, auf die sie gut hätte verzichten können. Phasen der Stagnation, in denen sie zwei Schritte vor und einen zurück ging. Trotzdem möchte sie diese Erfahrungen nicht missen, denn sie ist an ihnen gewachsen. Die Tatsache, dass sie eine Frau ist, war dann und wann ein Problem: »Dadurch hatte ich zwar meine Vorteile, aber ich wurde nicht so akzeptiert wie mancher Mann.« Als schlimmer hat sie es empfunden, im beruflichen Alltag immer auf sich gestellt zu sein: »Bei den Seminaren waren nur Ehepaare – ich war allein.«

Heute hat sie einen fünf Jahre älteren Lebenspartner an ihrer Seite, der sie auch im Network-Marketing unterstützt. Maria Schleipfer bezeichnet sich selbst als »sehr, sehr glücklich« und ist trotz ihres Erfolgs immer auf dem Boden geblieben. Ein Leben im Luxus? Nein danke! »Wenn wir mal entspannen wollen, nehmen wir das Fahrrad und ziehen los. Wir sind ganz normale Menschen geblieben.«

Ihr erklärtes Ziel, das Eigenheim zu halten, hat sie schon vor 25 Jahren erreicht. Heute ist es ihr wichtig, die finanzielle Unabhängigkeit der Kinder zu sichern. Mit ihrem Network-Marketing-Geschäft ist sie auf dem besten Weg dazu, denn es kann auf die nächste Generation vererbt werden. Diese Besonderheit von *Amway* macht die Geschäftsidee des Network-Marketing noch reizvoller. Tochter und Schwiegersohn treten bereits in die Fußstapfen von Maria Schleipfer, die das »hervorragende Mentorverhältnis zur zweiten Generation« mit Stolz und Zuversicht erfüllt. Trotzdem denkt die Top-Networkerin noch lange nicht an Ruhestand. Sie möchte vor allem ihr internationales Geschäft weiter ausbauen – und dafür steht sie nur allzu gern auf der Bühne oder führt mütterliche Gespräche. »Wenn ich die Arbeit nicht mehr machen darf, dann werde ich alt. Denn das ist mein Leben.«

→ Maria Schleipfer

wurde 1940 in Schrobenhausen/Bayern geboren. Nach der Schulzeit machte sie eine kaufmännische Ausbildung und war viele Jahre Sekretärin im örtlichen Krankenhaus. 1981 startete sie Network-Marketing zunächst nebenberuflich mit der *Amway Corporation*. Nach zweieinhalb Jahren kündigte sie ihren Job im Krankenhaus und machte Network-Marketing zu ihrem Hauptberuf. 1994 wurde sie von *Amway* zur *Kronenbotschafterin* gekürt. 2005 qualifizierte sie sich zur *Founders Kronenbotschafterin*. Zu ihren persönlichen Vorbildern gehört Rich de Vos, der Mitbegründer von *Amway*. Maria Schleipfer setzt sich als *Unicef*-Sprecherin von *Amway Deutschland* für Kinder in Not ein. Sie selbst hat drei erwachsene Kinder.

→ Amway Corporation

wurde 1959 in Ada, Michigan (USA) von Jay van Andel und Rich de Vos gegründet. Alles begann mit einem einzigen Produkt, dem L.O.C. Mehrzweckreiniger. Heute ist *Amway* in über 80 Ländern und auf fünf Kontinenten vertreten. Geschäftsführer der *Amway Corporation* sind Steve van Andel und Doug de Vos. Über drei Millionen selbstständige *Amway*-Berater vertreiben die Produkte weltweit. Die Palette umfasst rund 450 Produkte aus den Bereichen Ernährung, Wellness, Kosmetik und Haushalt. Alle *Amway*-Produkte unterliegen der *Amway*-Zufriedenheitsgarantie. Darüber hinaus verkaufen *Amway*-Geschäftspartner zusätzlich Produkte anderer namhafter Hersteller.

Amway ist eine Tochtergesellschaft der *Alticor Inc.*, die weltweit über 13 000 Mitarbeiter beschäftigt. 2004 erzielte die *Alticor*-Gruppe weltweit einen Umsatz von 6,2 Milliarden US-Dollar.

Der Sitz der *Amway Corporation* befindet sich in der *Alticor*-Weltzentrale in Michigan/USA. Die deutsche *Amway GmbH* wurde 1975 gegründet und ist in Puchheim bei München ansässig.

Lernen durch Tun:

Wege entstehen beim Gehen

Gabi Steiner, Life Plus

Gabi Steiner betrachtet ihre Arbeit nicht als Arbeit. Für sie ist Network-Marketing weniger ein Beruf als eine Berufung, der sie mit Leidenschaft und Hingabe nachgeht.

Sie trifft sich mit Menschen, die ihr sympathisch sind, und hilft ihnen, ihre Ziele zu verwirklichen. Und sie arbeitet ständig daran, neue Menschen zu treffen, die sie von ihrer Geschäftsidee begeistern kann. Ihre größte Freude ist es zu erleben, wie sich Menschen, die in der normalen Berufswelt kaum Chancen auf eine Karriere haben, im Network-Marketing zu starken Führungspersönlichkeiten entwickeln. Denn das Leben vieler Frauen und Mütter, so verschieden ihre Biografien auch sein mögen, spiegelt ein Stück weit ihr eigenes Leben wider.

Es war im August 1993, als Gabi Steiner das erste Mal mit Network-Marketing in Berührung kam. Sie war Mutter eines damals achtjährigen Sohnes, von Beruf Großhandelskauffrau und arbeitete Teilzeit in einer kleinen Firma. Karriere mit Kind? In ihrer Situation unvorstellbar. Durch einen Bekannten wurde sie auf Network-Marketing aufmerksam. »Genau genommen sprang es mich an und raubte mir den Schlaf – die ersten zwei Nächte komplett, dann nur noch stundenweise. Ich erlebte eine Hochstimmung oder Euphorie oder beides zusammen, und ich erkannte sofort meine Chance, die in dieser Gelegenheit steckte. Nachts baute ich eine Organisation im Traum auf – oft bis in die unendliche Tiefe. Es war einfach da, dieses Networkfieber …« Sie ergriff die Chance einzusteigen und hatte nicht den geringsten Zweifel daran, dass sie erfolgreich sein würde. Bereits beim ersten Seminar traf sie genügend Menschen, die sie in ihrer Zuversicht bestärkten. »Wenn die das geschafft haben, dann kann ich es auch«, dachte sie bei sich. Ein Satz, der ihr Leitmotiv werden sollte.

Ein geniales Gefühl

Sie begann zunächst nebenberuflich mit Network-Marketing – und schon nach sechs Monaten verdiente sie fast das Vierfache wie in ihrem Job als Großhandelskauffrau. Als sie den ersten größeren Scheck in Händen hielt, war es einfach »ein geniales Gefühl«. Wenig später reichte sie ihre Kündigung ein und war erleichtert: »Endlich frei – nicht mehr jeden Morgen im Berufsverkehr ins Büro und abends wieder zurück nach Hause! Richtig frei – ich konnte meinen Tag planen, wie ich wollte.«

Die Arbeit machte ihr von Anfang an riesigen Spaß, und ihre Organisation wuchs schnell. Gleichzeitig entdeckte sie ihre Begabung zur freien Rede, die sie seitdem als Seminarsprecherin unter Beweis stellt.

Trotzdem hat sie mit Network-Marketing nicht nur gute Tage, sondern alle Facetten von Erfolg und Misserfolg erlebt. 1995, nach einer Negativkampagne gegen ihr damaliges Unternehmen, verlor sie ihre gesamte Organisation und war fast pleite. »Das war für mich ein großer Rückschlag. Ich habe trotzdem noch einmal von vorne angefangen und wieder aufgebaut. Auch das gehört zu meiner Vergangenheit.« 1999 startete Gabi Steiner bei *Life Plus* und begann mit reinem Empfehlungsmarketing. Bereits sechs

Monate später war sie *Diamant* – der höchste Rang, den das Unternehmen zu vergeben hat.

Zu ihren Erfolgsgeheimnissen gehört es, dass sie ihre Geschäftspartner überwiegend im Familien-, Freundes- und Bekanntenkreis sponsert. Entscheidend dabei ist für sie auch die Schnelligkeit. »Erfolg ist eine Frage der Geschwindigkeit. Schneller ist einfacher. Durch die Geschwindigkeit werden die Partner motiviert, sie sehen, es funktioniert – und sind begeistert.« Es macht einen enormen Unterschied, ob man zwei neue Geschäftspartner innerhalb von zwei Tagen, zwei Wochen oder zwei Monaten dazugewinnt, erklärt die Top-Networkerin.

Geschichten erzählen

Das Wichtigste aber ist die Geschichte, die sie erzählt. Sie teilt anderen Menschen mit, wie sie zu Network-Marketing gekommen ist, warum sie dabei ist, was sie überzeugt hat, welche Höhen und Tiefen sie erlebt hat und wie sie sich ihre Zukunft vorstellt. Denn Networker sind Geschichtenerzähler. Nur mit persönlichen Emotionen lassen sich Brücken

Networking auf Mallorca.

von Mensch zu Mensch bauen. Und weil Gabi Steiner im Grunde eher ein schüchterner Mensch ist, erzählt sie ihre Geschichte und benutzt sie als Brücke. Damit macht sie ihrem Gesprächspartner ein indirektes Angebot. Er hat die Möglichkeit, darauf einzugehen und nachzufragen – oder auch nicht. »Und glauben Sie mir, jemand, der auf der Suche nach Veränderung ist, wird mich fragen«, so ihre Erfahrung. Ein weiterer Vorteil des Geschichtenerzählens: Der Gesprächspartner fragt Gabi Steiner – nicht umgekehrt! Sie kann das Gespräch völlig ungezwungen führen.

Das mag auch der Grund sein, warum sie bislang keine Ablehnung erfahren hat: »Ehrlich gesagt habe ich noch nie ein Nein bekommen.« Ein bewährtes Werkzeug, das sie gerne und oft benutzt, ist ihre Schneckentechnik. Eine Schnecke zieht sich in ihr Haus zurück, wenn sie auf Widerstand stößt. Das Gleiche empfiehlt Gabi Steiner auch Networkern, die gerade ins Geschäft einsteigen. »Versuchen Sie nicht, bei Einwänden zu diskutieren, gehen Sie einfach in Ihr Schneckenhaus zurück.« Fruchtlose Diskussionen kosten nur unnötig Zeit und Energie.

Denn bei Network-Marketing, wie sie es versteht, ist der Networker nicht in einer »Bittposition«, sondern in einer »Bietposition«. Er bietet eine Geschäftsgelegenheit an, aber er bittet niemand darum, einzusteigen. Er will den anderen für seine Sache gewinnen, aber er braucht ihn nicht. Diese Grundgesetze menschlichen Verhaltens beherrscht die Top-Networkerin mit Bravour. »Das könnte ein Grund für meinen Erfolg sein. Ich bin sehr dezent und geduldig. Ich lasse die Frucht an ihrem Baum reifen und mache niemals einen Heiratsantrag beim ersten Date.« Stattdessen ist sie eine geduldige Zuhörerin und baut auf diese Weise eine Vertrauensbasis zu ihrem Partner auf, noch bevor sich das Gespräch um Produkte oder Marketingpläne dreht.

Fehler als Chance

Voraussetzung, um ihrer Meinung nach ein erfolgreicher Networker zu werden, ist ein Ziel oder ein Warum, wie sie es nennt. Natürlich hatte sie zu Beginn ihrer Karriere nicht das Ziel, sich ein Haus mit Meeresblick auf Mallorca zu kaufen, wie sie es heute besitzt. Sie wollte einfach 5000 Mark im Monat verdienen und mit ihrem Lebenspartner mehr gemeinsame Zeit verbringen. Und sie wollte in Boutiquen einkaufen, ohne auf das Preisschild achten zu müssen. Diese Ziele hat sie erreicht.

Auch beim Rekrutieren neuer Geschäftspartner geht es vor allem um das Warum. »Wenn das Warum groß genug ist, ist das Wie keine Frage«, erklärt sie. »Ohne Warum wird sich der andere vielleicht in Bewegung setzen, aber er wird beim ersten Gegenwind wieder umfallen.« Wer einem Top-Manager einen Zusatzverdienst anbietet, hat vermutlich kaum Chancen, sein Interesse zu wecken. Wer ihm hingegen eine Möglichkeit bietet, Geld zu verdienen und gleichzeitig mehr Zeit mit seiner Familie zu verbringen, wird mehr Erfolg haben. »Finde heraus, was dein Gegenüber will, und hilf ihm, das zu erreichen«, lautet das Erfolgsrezept von Gabi Steiner.

Neueinsteigern empfiehlt sie, zu Beginn ihrer Karriere eine klare und eindeutige Entscheidung für Network-Marketing zu treffen. Mit halbherzigem Engagement ist der Misserfolg vorprogrammiert. Wichtig sind ihrer Meinung nach auch Ausdauer und Durchhaltevermögen, um das erste schwierige Jahr zu überstehen. Mögliche Fehler sieht sie nicht als Problem, sondern als Chance. »Heute weiß ich, dass Fehler für unsere Entwicklung wichtig sind. Wer keine macht, hat auch keinen Grund, irgendetwas zu verändern, und bleibt da stehen, wo er ist.«

Kommunikativ und sensibel

Zu ihren persönlichen Stärken gehört es, dass sie sehr sensibel ist und gut auf andere Menschen eingehen kann. Darüber hinaus ist sie ein kommunikativer Mensch, der andere von seinen Ideen begeistert und überzeugt. Bekannt sind ihre Wanderungen auf Mallorca, die in gelungener Weise Training und Freizeit verbinden. »Wo steht denn geschrieben, dass ein Training immer in einem Raum stattfinden muss?« Beim Wandern in den Bergen hat sie ausgiebig Zeit, mit Geschäftspartnern zu reden und neue Ideen zu entwickeln. Noch ungewöhnlicher sind ihre Trainings im hauseigenen Swimmingpool, wo den Teilnehmern das Wasser buchstäblich bis zum Halse steht. Arbeit und Vergnügen schließen einander nicht aus – das gehört zur Lebensphilosophie von Gabi Steiner. Ihr Arbeitszimmer auf Mallorca gibt den Blick frei aufs Meer, und sie genießt es, von zu Hause aus zu arbeiten.

So sehr sie auch ihre Arbeit liebt – das soziale Engagement gewinnt in ihrem Leben immer mehr an Bedeutung. »Mein Herz hängt an Afrika«, erklärt sie, denn dort unterstützt sie ein Kinderheim. Zudem ist sie im Vorstand des gemeinnützigen Vereins »Networker für Humanity«, der erst vor kurzem ins Leben gerufen wurde und ebenfalls gemeinnützige Interessen verfolgt. Ihre große Vision ist es, irgendwann eine eigene Stiftung zu gründen.

Neueinsteigern, die ihre ersten Gehversuche im Network-Marketing unternehmen, gibt sie folgenden Rat mit auf den Weg: »Denken Sie immer daran: Sie betreten Neuland und brauchen Zeit, um Erfahrungen zu sammeln. Bei mir und meinem Team war es nicht anders. Wir haben Entscheidungen getroffen, diese durchgeführt und dann hingeschaut. War alles gut? Was muss korrigiert werden? Eine hundertprozentige Lösung für alle wird es nie geben. Und es gibt auch nicht den einen perfekten Satz oder die perfekte Ansprache. Auch damit werden wir leben müssen. Was ich Ihnen versprechen kann, ist, dass Sie mit der steigenden Erfahrung besser werden. Denn Wege entstehen oftmals erst beim Gehen.«

Gabi Steiner

wurde 1955 geboren und war acht Jahre lang allein erziehende Mutter. 1996 lernte sie ihren jetzigen Lebenspartner Manfred kennen. Sie arbeitet seit 1993 im Network-Marketing, 1999 startete sie bei *Life Plus*. Sie ist Sechs-Stern-Diamant und hat damit den höchsten Rang, den das Unternehmen bisher vergeben hat. Zu ihren Hobbys gehören Wandern, Sport, überhaupt Bewegung in jeder Form, aber auch Happy-Aging. Gabi Steiner lebt im Schwäbischen in dem kleinen Ort Ebni am Ebnisee, ihr zweiter Wohnsitz ist auf Mallorca.

Life Plus

– die Wurzeln gehen bis ins Jahr 1936 zurück. Seit dieser Zeit stellt das Unternehmen Nahrungsergänzungsmittel her. Der heutige Präsident von *Life Plus*, Robert Lemon, ist ausgebildeter Apotheker. Statt Medikamente zu verkaufen, bevorzugte er schon immer natürliche Methoden, die Gesundheit und Wohlbefinden fördern. Mitte der 1970er Jahre verkaufte er seine Apotheke und ist seitdem Teilhaber des Unternehmens.

1992 wurde *Life Plus* in seiner jetzigen Form gegründet. Heute ist das Unternehmen in mehr als 65 Ländern international tätig.

Life Plus hat seinen Hauptsitz in Batesville/Arkansas (USA).

Wenn uns etwas

aus dem gewöhnlichen Gleise wirft,

bilden wir uns ein,

alles sei verloren.

Dabei fängt nur etwas **Neues**,

Gutes an.

Solange es Leben gibt,

gibt es auch **Glück.**

Leo Tolstoi, russischer Schriftsteller, 1828-1910

04

Der C-Faktor:

Wie Sie es ganz nach oben schaffen

Von Jörg Löhr

Warum sind manche Menschen erfolgreicher als andere? Ist es Zufall? Ist es Glück? Talent? Positives Denken oder harte Arbeit?

Der südafrikanische Golfspieler Gary Player, in den 1960er und 1970er Jahren einer der erfolgreichsten in der Welt, soll einmal – angesprochen auf einen Sensationsschlag während eines Turniers – gemeint haben: »Stimmt, das war ein Glücksschlag. Allerdings: Je mehr ich übe, desto mehr Glück habe ich.«

»Glück musst du dir verdienen«, wird auch Fußball-Lichtgestalt Franz Beckenbauer zitiert. Der sollte es wissen. Einer, der sich nicht auf seinem Balltalent ausruhte, sondern sich konsequent weiterentwickelte. Einer, der auch nach seiner Fußballerkarriere beachtet wurde, weil er Charakter hat, ein Macher, ein wahrer Champion ist.

Sich entscheiden bedeutet, Verantwortung zu übernehmen

Stellen Sie sich einmal vor, Sie stehen vor einem großen Berg. Der Weg nach oben ist steil und anstrengend, Sie werden Mut brauchen, um ihn zu gehen. Sie werden Schluchten überwinden und Abhänge emporklettern müssen. Sie werden geduldig sein müssen, denn es ist ein weiter Weg bis zum Gipfel. Doch dort – hoch oben – wartet der Lohn, das wissen Sie aus den Erzählungen anderer. Es gibt auch eine bequemere Alternative, einen Weg, der um den Berg herum führt, doch Lohn erwartet Sie auf der anderen Seite keiner. Werden Sie den beschwerlichen oder den bequemen Pfad nehmen?

Fast immer beginnt der Weg zum Erfolg mit einer großen Entscheidung – der Entscheidung, sein Leben selbst in die Hand zu nehmen. Der Entscheidung, den Weg bis zum Ziel zu gehen, auch wenn er noch so anstrengend ist. Doch das ist nur der erste Schritt.

5 Prozent Inspiration, 95 Prozent Schweiß

Erfolg ist weit mehr als himmlische Belohnung, reine Glückssache oder zufälliger Geniestreich, so viel ist klar. »Ich bin nicht glücklich mit dem, was ich erreicht habe, aber ich bin zufrieden mit dem, was ich aus meiner nicht übermäßigen Begabung gemacht habe. Es stecken in meinem beruflichen Leben unendlich viel Fleiß und Arbeit«, hat der große Literaturkritiker Marcel Reich-Ranicki in einem Gespräch mit Elke Heidenreich unlängst gesagt.

»5 Prozent Inspiration, 95 Prozent Transpiration« hat ein intelligenter Mensch seine persönliche Erfolgsformel einmal auf den Punkt gebracht.

Zwei zentrale Erkenntnisse lassen sich daraus ableiten. Erstens: Unter normalen Umständen kann jeder Mensch erfolgreich sein. Zweitens: Wer Erfolg haben will, muss hart dafür arbeiten.

Chancen wollen genutzt sein

Mit einer Tätigkeit im Network-Marketing haben Sie sich berufliche Perspektiven geschaffen. Network-Marketing ist eine Zukunftsbranche mit sehr guten Verdienstaussichten, keine Frage. Doch das allein garantiert Ihnen noch kein erfolgreiches Arbeiten.

Es kommt ganz konkret darauf an, welche Ziele Sie sich setzen, ob Sie diese Ziele mit klarer Strategie verfolgen, wie Sie sich selbst motivieren können und wie konsequent Sie an Ihrem Erfolgskonzept festhalten. Vielleicht betreiben Sie Network-Marketing nebenberuflich, vielleicht wagen Sie mit Network-Marketing einen beruflichen Neuanfang. Wenn Sie erfolgreich sein wollen, müssen Sie unbeirrt an Ihrem C-Faktor arbeiten.

Was Champions ausmacht: Der C-Faktor

Wenn Sie sich vom Durchschnitt abheben, es ganz nach oben schaffen wollen, dann brauchen Sie ihn – den C-Faktor. Er ist das, was wahre Champions ausmacht. Was ich unter dem C-Faktor verstehe? Eine Mischung aus Erfolgstugenden, dem konsequenten Ausschöpfen des eigenen Potenzials, schier unerschöpflicher Motivation, dem Feuer der Begeisterung und Persönlichkeit.

Dieses Kapitel soll Ihnen zeigen, wie Sie an Ihrem C-Faktor arbeiten können:
→ was Sie von erfolgreichen Menschen lernen können,
→ wie Sie sich selbst motivieren können,
→ wie Sie Ihre individuellen Stärken erkennen und nutzen,
→ wie Sie ideale Rahmenbedingungen für Ihren Erfolg schaffen,
→ wie Sie mögliche Rückschläge überwinden,
→ wie Sie mit Ablehnung umgehen und
→ wie Sie in Stresssituationen neue Energie tanken.

Von den Besten lernen

Sie müssen das Rad nicht neu erfinden. Gerade in der recht jungen Branche Network-Marketing ist es durchaus hilfreich, sich auf die Erfahrungen und bewährten Erfolgsmethoden anderer zu stützen.

Studieren Sie intensiv die Erfolgsgeschichten anderer Networker. Das lohnt sich, weil diese Kenner und Könner ihr Wissen bereits strukturiert und daraus wichtige Erkenntnisse gezogen haben.

Freilich lassen sich die Rahmenbedingungen solcher Erfolgsstorys oft nicht mit den Ihren vergleichen; dennoch bieten Ihnen Beispiele eine gute Basis bei der Entwicklung Ihrer persönlichen Geschäftsstrategie. Sie können sich Ratschläge erfahrener Kollegen also ruhig anhören – und dennoch Ihren eigenen Weg gehen.

Was machen erfolgreiche Menschen anders? Aus jahrzehntelanger Beschäftigung mit dem Thema Erfolg, aus der Erfahrung

Tausender Seminare und Vorträge, dem Gedankenaustausch mit vielen Führungskräften, anderen Trainern und Personalexperten weiß ich: Über alle Branchengrenzen hinweg verbinden alle erfolgreichen Menschen einige zentrale Gemeinsamkeiten.

1. **Erfolgreiche Menschen übernehmen Verantwortung** für ihr Tun. Sie entscheiden sich dafür, einen Weg zu gehen – in aller Konsequenz und mit ganz klaren Zielen vor Augen.

2. **Erfolgreiche Menschen sind außerordentlich aktiv.** Sie übernehmen Initiative, um ihre Ideen durchzusetzen, sie setzen Entwicklungen in Gang, statt sie aufzuschieben. Sie warten nicht auf den Zufall, sie zögern und zaudern nicht lange. Erfolgreiche Menschen gestalten gerne, sie sind häufig auch außerhalb des beruflichen Bereichs in Vereinigungen und Organisationen oder politischen Parteien aktiv und pflegen Kontakte in alle gesellschaftlichen Kreise.

3. **Erfolgreiche Menschen geben alles.** Ein kleiner Unterschied mit großen Folgen. Sie müssen wissen: Die Besten ihres Fachs sind oft nur ein ganz kleines bisschen besser als der Durchschnitt. Doch genau dieser kleine Vorsprung, drei bis fünf Prozent vielleicht, ist entscheidend für den Erfolg – dies besagt auch die amerikanische Managementtheorie »The Winning Edge«.

4. **Erfolgreiche Menschen sehen Probleme als Herausforderungen.** Probleme sind Hindernisse auf dem Weg zu ihrem Ziel – nicht mehr, aber auch nicht weniger. Darum gehen Erfolgsmenschen Probleme gelassen an – jedoch mit dem unerbittlichen Willen, sie zu überwinden. Gehen Sie nach folgendem Muster vor: a) Analysieren Sie das Problem genau. b) Überlegen Sie sich verschiedene Möglichkeiten, das

Problem zu lösen. c) Wen können Sie eventuell um Unterstützung bitten? d) Entscheiden Sie sich für eine Strategie. e) Was können Sie mittel- bzw. langfristig aus diesem Problem lernen?

5. **Erfolgreiche Menschen sind Optimisten.** Sie glauben an sich und ihren Weg – in jeder Situation. Sie gehen positiv an Aufgaben und Herausforderungen heran, sie glauben an ihre Chance.

6. **Erfolgreiche Menschen tun gerne, was sie tun.** Zum Beispiel Michael Schumacher: Obwohl »Schumi« schon alles erreicht hatte, was es im Motorsport zu erreichen gibt und obwohl er so viel Geld verdient hatte, dass er es im Leben nicht mehr ausgeben kann, arbeitete und trainierte der sechsfache Formel-1-Weltmeister auch in seiner zigten Saison wie ein Besessener, um weiter erfolgreich Rennen zu fahren. Die Basis seiner Motivation: Freude am Fahren und der unbedingte Wille zum Siegen.

7. **Erfolgreiche Menschen sind offen für Neues.** Und dabei geht es nicht nur um den Arbeitsort, sondern vor allem um geistige Flexibilität. Nur wer Veränderungen akzeptiert und neue Trends annimmt, wird dauerhaft erfolgreich sein können. Mit dem Schritt ins Network-Marketing haben Sie sich gezielt für flexibles Arbeiten entschieden. Sie müssen zu jeder Zeit offen für neue Produkte, offen für die Ansprüche Ihrer Kunden und offen für die Belange Ihrer Downline sein.

8. **Erfolgreiche Menschen ergänzen ständig ihr Wissen.** Tatsache ist: Das Wissen der Welt veraltet so schnell wie noch nie. Heute wird jede Minute eine neue chemische Formel, alle drei Minuten ein neuer physikalischer Zusammenhang und alle fünf Minuten eine neue medizinische Erkenntnis gewonnen. Pro Tag wird inzwischen mehr gedruckt als in der ganzen Zeit von der Erfindung des Buchdrucks bis zum Ersten Weltkrieg zusammen. Wer am Ball bleiben will, der muss in Wissen investieren, der muss regelmäßig lesen, Audioprogramme hören und Seminare besuchen.

9. **Erfolgreiche Menschen wollen einzigartig sein.** Was können Sie besser als andere? Was können Sie exzellent? Was haben Sie zu bieten, was andere nicht bieten können? Wenn es um die Platzierung eines neuen Produkts geht, fragen Werbeleute sofort nach dem USP (Unique Selling Proposition), dem einzigartigen Verkaufsargument. Tatsächlich sind erfolgreiche Menschen in mindestens einer Sache einzigartig:
Was also ist Ihr persönlicher Wettbewerbsvorteil?
Welcher könnte es sein – falls Sie noch nichts anführen können?
Welches sind Ihre natürlichen Fähigkeiten und Talente?
Woran könnten Sie ab sofort arbeiten?

10. **Erfolgreiche Menschen haben eine klare Lebensvorstellung.** Sie verzetteln sich nicht lange in »möchte«, »könnte«, »sollte«. Sie kennen ihre Wünsche und Werte, sie haben ihre Lebensrollen definiert und sie haben ihre Ziele, ihre Vision klar umrissen.

Die Tugenden des Erfolgs

Wie werde ich erfolgreich? Welche Grundvoraussetzungen braucht Erfolg? Für mich als ehemaligen Handballnationalspieler liegt der Vergleich mit dem Leistungssport hier natürlich nahe – aber ich bin auch überzeugt, dass wir in puncto Erfolg und Motivation sehr viel von Spitzensportlern lernen können.

Bei sportlichen (Höchst-)Leistungen geht es um Talent, meistens um die richtige Ausrüstung, ständiges diszipliniertes Training, um gezieltes Coaching und auch um Ernährung. Doch wer es ganz nach oben schaffen will, der braucht vor allem Charakter, der muss sportliche Tugenden verkörpern. Genau diese Tugenden nützen uns im Beruf, sie zeichnen – ganz klar – die »Champions« aus:

Selbstdisziplin, Leistungswille

Selbst wenn in uns herausragende Talente und Fähigkeiten stecken: Ganz nach oben schafft's nur der, der trainiert – und zwar täglich. »Kacheln zählen« nennen es Leistungsschwimmer, wenn sie – wieder und wieder, Bahn um Bahn – das immer Gleiche trainieren. Aber ohne Disziplin, ohne eine enorme Willenskraft führt kein Weg an die Spitze. Selbstdisziplin ist der Schlüssel zur Selbstkontrolle und zur Macht über sich selbst. Nur mit hinreichend Selbstdisziplin tun wir alles, was für den Erfolg zu tun ist – und tun es auch dann, wenn wir uns nicht danach fühlen.

Beharrlichkeit

Der junge Walt Disney musste 302 Banken abklappern, ehe man ihm einen Kredit gewährte, damit er »den glücklichsten Ort der Welt« schaffen konnte – Disneyland. Nicht immer werden Ihre Ideen sofort auf Begeisterung stoßen, Sie werden Rückschläge einstecken müssen. Nur wer sich in seinem Ziel nicht beirren lässt, wer beharrlich daran arbeitet, wird letztlich Erfolg haben.

Begeisterungsfähigkeit

Begeisterung ist die positive Kraft der Zuversicht. Begeisterung kommt von innen, sie ist ansteckend und mitreißend. »Begeisterung erwirbt man, wenn man an das glaubt, was man macht, und an sich selbst, wenn man etwas Bestimmtes erreichen möchte«, schrieb Dale Carnegie.

Integrität

Integrität ist nichts Altmodisches. Kommen wir auf unser Beispiel Leistungssport zurück: Ein integrer Sportler wird nicht versuchen, seine Mitstreiter durch Manipulationen oder durch Doping zu besiegen, er wird sich einem fairen, authentischen Kräftemessen stellen. Integrität bildet Vertrauen – und Vertrauen ist die Grundlage für den Aufbau Ihres Netzwerks.

Geduld

»Geduld und Zeit erreichen mehr als Stärke und Leidenschaft«, glaubte der französische Gelehrte Jean de La Fontaine, dem wir viele spannende Fabeln zu verdanken haben. Ich denke, wir brauchen beides. Aber ganz sicher brauchen manche Dinge einfach ihre Zeit – der Aufbau eines tragfähigen Netzwerks in jedem Fall.

Intuition

Logisches Denken und konsequentes Handeln reichen nicht immer. Für Sir Terence Conran, einen der innovativsten Designer überhaupt, ist Intuition die Fähigkeit, Unterschwelliges, Tendenzen, Veränderungen, Erkenntnisse und Erfahrungen zu nutzen und zu etwas Neuem zusammenzufügen. Conran zeichnet verantwortlich für viele renommierte Wohn- und Gewerbeprojekte. 1989 gründete er das Design Museum in London.

Mut/Risikobereitschaft

Es gibt kein Leben frei von Unsicherheit. Schwierig, das zu akzeptieren, wenn einem die Eltern stets eingebläut haben, doch ja einen sicheren Job mit möglichst 14 Monatsgehältern anzunehmen.

Leben bedeutet, Risiken in Kauf zu nehmen. Heute mehr denn je. Wer nichts wagt, kann nichts gewinnen – das mag platt klingen, ist aber wahr.

Der Sprung in die Selbstständigkeit beispielsweise bedeutet die Aufgabe von Sicherheiten – aber vielleicht auch den Gewinn finanzieller Freiheit, den Gewinn von Lebensfreude und Glück. Es gilt abzuwägen.

Die eigenen Stärken leben

Erfolgreiche Menschen haben ihren persönlichen USP. Sie setzen auf ihre besonderen Talente, kultivieren sie und bauen sie zu Stärken aus. Sie nutzen sie – beruflich und privat.

Nehmen Sie sich doch einmal Zeit für eine ehrliche Bestandsaufnahme. → Wo liegen Ihre Talente? → Was können Sie besonders gut? → Was fällt Ihnen leicht? → Was schätzen andere an Ihnen? → Was tun Sie besonders gerne? → Was lernen Sie schnell? → Wobei vergessen Sie die Zeit? → Wie sieht eine ideale Woche, ein idealer Monat, ein ideales Jahr für Sie aus?

Analysieren Sie sich zunächst selbst, fragen Sie aber auch Bekannte, Freunde, Verwandte und Kollegen nach ihrer ehrlichen Einschätzung (Hilfestellungen und einen Selbstcheck finden Sie beispielsweise unter www.joerg-loehr.com / Rubrik »Wissen«).

Filtern Sie dabei Ihre besonderen Talente heraus – Ihr ganz persönliches Erfolgspotenzial. Wie viel von Ihrem Potenzial nutzen Sie derzeit?

Fakt ist: Nicht jeder kann alles, was er will. Niemand kann Schwächen zu Stärken machen. Das kostet unverhältnismäßig viel Zeit und Kraft und führt zu Ernüchterung und Enttäuschung. Die eindeutig bessere Erfolgsstrategie ist es, auf die eigenen Talente zu bauen, sie gezielt zu fördern, zu kultivieren und zu nutzen. Schwächen sollten Sie managen können. Sie müssen nur so weit an ihnen arbeiten, dass sie Ihre Karriere nicht negativ beeinträchtigen.

Effektive Kommunikation beispielsweise können Sie lernen und üben. Wenn es Ihnen aber Probleme bereitet, in der ersten Reihe zu stehen, Ansprechpartner für Probleme und Entscheidungen zu sein, dann sollten Sie überdenken, ob Sie den Weg in eine Selbstständigkeit gehen.

Hören Sie auch auf Ihr »Bauchgefühl«! Oft ist Ihre Intuition – wenn Sie alle Fakten kennen – ein weiser und verlässlicher Ratgeber.

Die Erfolgsformel

Stärke = Talent + Wissen + Können + Wollen

An dieser Formel können sich all jene orientieren, die ihre Stärken weiterentwickeln wollen. Eine Stärke zu kultivieren bedeutet, die eigenen Talente mit Wissen zu unterfüttern, entsprechende Fertigkeiten zu trainieren und die notwendige Motivation mitzubringen, sie auch gewinnbringend einzusetzen.

Ein erfolgreiches Leben ist immer ein Leben, das von persönlichen Stärken bestimmt wird.

Stärkenfaktor Wissen

Das Wissen der Welt potenziert sich in rasender Geschwindigkeit. Es gibt längst keine Universalgelehrten mehr. Wir müssen uns auf unserem Spielfeld spezialisieren, wollen wir Erfolg haben.

➔ Wo stehen Sie mit Ihrem Wissen? ➔ Welches Fach-, welches

Erfahrungswissen benötigen Sie? → Wo oder wie können Sie es erfahren? Welche Seminare könnten Ihr Wissen erweitern? → Welche Bücher, welche Hörbücher könnten Sie in Ihrem Wissen weiterbringen? → Von wem können Sie lernen?

Wer hoch hinaus will, braucht den Wissensvorsprung. Nutzen Sie jede Gelegenheit, sich auf Ihrem Spezialgebiet weiterzubilden: Lesen Sie Bücher, Zeitungen und Fachzeitschriften, nutzen Sie längere Autofahrten, um Audioprogramme zu hören, besuchen Sie Seminare.

Nach den Angaben von Management-Vordenker und ehemaligem Vorstand von *McKinsey*, Tom Peters, lässt sich »die jährliche Zahl an Fortbildungsstunden für den durchschnittlichen amerikanischen Werktätigen genau beziffern. Nämlich auf 26,3.« Das sind rund 4,3 Minuten am Tag. Nach einer vergleichbaren Studie des Statistischen Bundesamts investieren die 25- bis 45-Jährigen in Deutschland für Bildung und Lernen eine gute Viertelstunde am Tag. Personen über 45 sind durchschnittlich nur wenige Minuten täglich mit Weiterbildung beschäftigt. Und bei dieser Erhebung sind auch noch all jene eingerechnet, die mit über 25 Jahren studieren oder zur Schule gehen.

Mein Tipp: Wenn Sie es ganz nach oben schaffen wollen, dann müssen Sie ein Vielfaches an Zeit einsetzen. Idealerweise eine Stunde am Tag sollten Sie sich Ihrer Weiterbildung, der Erweiterung Ihres Wissens widmen.

Stärkenfaktor Können

»Übung macht den Meister!« – klingt altmodisch, gilt aber auch für das 21. Jahrhundert. Wie ein Spitzensportler nicht ohne Training auskommt, so müssen auch Sie Ihr ganz persönliches Trainingsprogramm aufstellen, um Ihre Fähig- und Fertigkeiten zur Perfektion zu bringen.

→ Wo stehen Sie mit Ihrem Können? → Wo haben Sie bislang talentorientiert trainiert – wo nicht? → Wie können Sie Ihr Können verbessern? → Welche Könner sollten Sie analysieren? → Wer kann Sie in Ihrem Können voranbringen?

Ein Nachwuchsfußballer orientiert sich an einem Michael Ballack, einem Lukas Podolski, ein junger Kartfahrer wünscht sich in die Fußstapfen eines Michael Schumacher. Auch Sie müssen sich die Besten Ihrer Branche zum Maßstab nehmen.

Stärkenfaktor Wollen

Unsere Willenskraft ist ein mächtiger Motor, eine unbändige Kraft. Wir können Berge versetzen, wenn wir es wirklich wollen. Doch ohne Motivation bleibt auch das große Talent letztlich Mittelmaß. Weil Motivation für jeden Erfolg entscheidend ist, steigen wir mit ein paar wichtigen Fragen ein.

→ Was wollen Sie wirklich? → Wollen Sie einen stärkenorientierten Weg gehen? → Wie viel Zeit wollen Sie investieren? → Wie viel Zeit können Sie realistisch investieren? → Was motiviert Sie, durchzuhalten? → Sind Ihnen Ihre Vision, Ihre Werte, Ihre Lebensrollen bewusst? → Wo finden Sie Unterstützung? → Haben Sie den Rückhalt Ihres Partners? Ihrer Familie?

Die Konzentration auf eigene Stärken, ihre Kultivierung, ist die Basis für Motivation. Denn wir können nur dann wirklich erfolgreich sein, wenn wir unser Spielfeld finden. Doch Motivation braucht mehr – eine Vision, Werte als Kraftquelle, Ziele. Lassen Sie uns darum tiefer in die Materie einsteigen.

Motivation:
Das Motiv für Aktion

»Motivation ist die Bereitschaft zu einem bestimmten Verhalten. Motivation hängt von einer inneren Bereitschaft und gewissen Außenreizen ab«, erklärt das Lexikon.

Fest steht: Motivation ist jene treibende Kraft im Leben, die unsere Gefühle und Handlungen bestärkt, erfolgreich zu sein. Motivation ist das Motiv für Aktion, abgeleitet vom lateinischen Wort »movere«, »sich bewegen«. Motivation ist also die Energie, die alles in Bewegung bringt. Motivation, sagt Volkes Stimme treffend, ist der Stachel im Hintern, der Ausdauer verleiht und Widrigkeiten überwinden hilft.

Das Feuer der Begeisterung

Druck, Geld, Belohnung, Ruhm, Lob, Angst – all das kann uns motivieren, kurzfristig. Weit wichtiger aber als die Motivation von außen ist die interne Motivation. Denn Motivation ist keine menschliche Eigenschaft, sondern das Ergebnis eines persönli-

Wie Sie bei sich Begeisterung erzeugen
Setzen Sie sich ein attraktives Ziel.
Verknüpfen Sie Ihr Ziel mit guten Gefühlen.
Entscheiden Sie sich für vollen Einsatz.
Setzen Sie sich bei allem, was Sie tun, voll ein. Verbannen Sie Halbherzigkeit aus Ihrer Gedankenwelt.
Tun Sie das, was Sie gerade zu erledigen haben, bewusst, mit Spaß und voller Konzentration.
Wer das Gewöhnliche mit ungewöhnlicher Begeisterung, mit Hingabe tut, wird Erfolg haben.

chen Prozesses. Deshalb kann jeder Motivation nur in sich selbst finden. Wahre Champions tragen deshalb das Feuer der Begeisterung in sich.

Die Kraft Ihrer Vision

»Wenn du ein Schiff bauen willst, dann rufe nicht die Menschen zusammen, um Holz zu sammeln, Aufgaben zu verteilen und die Arbeit einzuteilen, sondern lehre sie die Sehnsucht nach dem großen, weiten Meer.« Der französische Schriftsteller Antoine de Saint-Exupéry fand diese schöne Metapher für die Kraft einer Vision.

Der Weg zum Erfolg beginnt immer mit einer Vision – Ihrer Vision. Sie stiftet den Sinn, den Sie brauchen, um Ihr Leben spannend und lebenswert zu finden. Nehmen Sie sich doch einfach mal einige Minuten Zeit und lassen Sie Ihren Gedanken freien Lauf:

→ Welche Wünsche fallen Ihnen ein? → Welche Träume haben Sie? → Wo möchten Sie in fünf oder zehn Jahren stehen? → Was möchten Sie erreicht haben? → Wie möchten Sie leben?

Am besten Sie formulieren Ihre Vision schriftlich, denn sie hat Strahlkraft, sie ist die Basis für Ihre Ziele.

Ziele sind Erfolgsmagneten

Auch das beste Navigationssystem kann den Weg nicht finden, wenn Sie kein Ziel eingeben. So ist es auch mit dem Erfolg. Erfolg ist nichts universell Gültiges – kein Haus, kein Auto, kein gut gefülltes Bankkonto. Erfolg bedeutet Lebenserfolg – das Erreichen ganz persönlicher Ziele. Diese können materieller Art sein, müssen es aber nicht. Formulieren Sie – ausgehend von Ihrer Vision – Ihre Ziele. Diese sollten

→ motivieren und herausfordern.

→ positiv formuliert werden.

→ so konkret wie möglich,

→ glaubhaft und aus eigener Kraft erreichbar sein.

→ schriftlich festgelegt werden.

→ einen zeitlichen Rahmen haben.

Werte als Kraftquelle

Lebenszufriedenheit entsteht dann, wenn unsere Werte mit unserer Vision und unseren Zielen übereinstimmen. Werte sind das Grundgerüst persönlicher Überzeugung, der Maßstab für unser Gewissen. Gerechtigkeit, Bescheidenheit, Toleranz, aber auch materielle Sicherheit oder Familienleben.

Niemand ist eine Insel. Wir werden geboren in eine Gesellschaft, in bestimmte Lebensumstände, eine Familie. Wir wachsen auf, werden durch Menschen in unserer Umwelt geprägt, durch unsere Erziehung, Lehrer, Freunde. Unser Sozialisationsprozess wird bestimmt von Normen und Werten.

Obwohl Werte meist unterbewusst entstehen, sind sie doch entscheidend für unser Leben. Wie glücklich, zufrieden und subjektiv »erfolgreich« wir sind, hängt entscheidend auch davon ab, inwieweit unsere Werte mit unserem Leben kompatibel sind.

→ Bestimmen Sie klar Ihre persönlich wichtigsten Werte.

→ Überprüfen Sie genau, ob Ihre Vision und Ihre Ziele mit Ihren Werten vereinbar sind.

Nur so kann Zufriedenheit in Ihrem Leben entstehen.

Leben in Balance

Motivation findet auf Dauer nur derjenige, der eine gesunde Balance erreicht zwischen Beruf, Familie und Freizeit. Darum sollten folgende fünf Zielbereiche bei der Formulierung von Zielvorgaben berücksichtigt werden:

→ **Persönliche Ziele** – Gesundheit, Hobbys etc.

→ **Berufliche und wirtschaftliche Ziele** – Verdienst, Selbstständigkeit

→ **Zwischenmenschliche Ziele** – Familie, Freunde, Partnerschaft

→ **Freizeit- und luxusorientierte Ziele** – Reisen, Hobbys, Anschaffungen

→ **Soziale und ökologische Ziele** – ehrenamtliches Engagement, Spenden etc.

Sich immer wieder neu motivieren

Wir alle kennen diese Tage: mit dem falschen Bein zuerst aufgestanden. Zu spät dran und einen wichtigen Termin verpasst. In aller Herrgottsfrühe ein schwieriges Telefonat. Ein Gespräch, das überhaupt nicht so läuft wie geplant. Ein Projekt, das nicht ins Rollen kommen will. Hindernisse über Hindernisse.
Manchmal ist es wirklich schwierig, sich immer wieder neu zu motivieren. Dabei helfen können bestimmte Techniken.

Ankern zum Beispiel. Für Psychologen, speziell beim Neurolinguistischen Programmieren NLP, sind Anker an bestimmte Erfahrungen gekoppelte Sinneseindrücke, die einen besonderen, emotional intensiven Zustand auslösen. Der Duft eines Parfüms vielleicht, ein Bild, eine Farbe, was bestimmte Erinnerungen und Gefühle in uns weckt. Unbewusst greifen wir auf unsere Erfahrungen zurück und reagieren, ohne nachzudenken.

Jeder Mensch hat solche Anker, negative wie positive. Die negativen können wir entdecken und versuchen zu vermeiden.

Die positiven können wir einsetzen – den Cappuccino-Duft etwa oder eine bestimmte Musik, um in uns Wohlgefühl und Entspannung auszulösen.

Oder wir können selbst Anker installieren – das bedeutet, einen Sinneseindruck mit einem entsprechenden Gefühl verbinden.

Und so geht's:

Bestimmen Sie zunächst, welchen Sinneseindruck Sie mit einem entsprechenden Gefühl verbinden wollen. Dies kann von visuel-

len und akustischen bis hin zu einfachen physischen Reizen gehen, etwas ein kraftvolles Ballen Ihrer Faust oder ein spezielles
Schnipsen mit den Fingern.

Sie haben nun zwei Möglichkeiten. Entweder Sie setzen den
Anker in einer tatsächlich erlebten Situation oder Sie stellen sich
eine erlebte Situation intensiv vor, bei der Sie die gewünschten
Gefühle hatten. Für Ihr Gehirn ist dies unerheblich. Entscheidend hierbei ist die emotionale Intensität.

Kurz bevor das Gefühl am intensivsten ist, lösen Sie den Reiz
aus. Eine erste Verschmelzung Ihres Gefühls mit dem Anker ist
entstanden. Je häufiger Sie diesen Vorgang wiederholen, desto
besser wirkt der Anker. Sie schaffen dadurch einen leichten Zu-
gang zu positiven Gefühlen und einen besseren Zustand.

Wie Sie den richtigen Weg finden

**Diverse Studien haben gezeigt, dass sich in den letzten 40
Jahren der Anteil derjenigen Menschen, die bedingungslos
sagen: »Ich bin glücklich«, nicht verändert hat. Er liegt
bei 15 Prozent.**

Eine groß angelegte Untersuchung des Psychologen Professor
Mihaly Csikszentmihaly von der *Universität Chicago* hat gezeigt,
dass der beste Weg zu absolutem Glücksgefühl darin besteht,
sich einem Ziel ganz und gar zu verschreiben, bei dem die eigene
Kraft wächst oder erwächst.

Denn Erfolg ist nichts anderes als das Erreichen persönlicher
Ziele. Je präziser diese Ziele sind, desto besser. Darum soll das
folgende 7-Schritte-Programm Ihnen bei der Festschreibung Ihrer Ziele, beim Finden Ihres persönlichen »Erfolgsweges« helfen.

1. **Beschreiben Sie Ihre Vision**

Rufen Sie sich Ihre Vision ins Gedächtnis. Skizzieren Sie diese kurz auf einem Blatt Papier und achten Sie dabei auf Ihre Wertvorstellungen.

2. **Erstellen Sie Ihren persönlichen »Wunschzettel«**

Nehmen Sie ein weiteres Blatt Papier zur Hand und unterteilen Sie das Blatt in die beschriebenen fünf Zielbereiche. Geben Sie sich für jeden Zielbereich fünf Minuten Zeit. Nicht mehr und nicht weniger. Schreiben Sie spontan alle Ziele auf, die Sie kurz- oder auch langfristig erreichen möchten.
Zum Beispiel: drei Kontakte pro Tag knüpfen, die eigene Kommunikationsfähigkeit verbessern, finanzielle Unabhängigkeit erreichen …

3. **Legen Sie einen Zeitrahmen fest**

Schreiben Sie vor oder hinter jedes Ihrer Ziele, wie lange Sie bis zur Realisierung brauchen. Nehmen Sie sich hierfür maximal eine Minute Zeit.
Zum Beispiel: die eigene Kommunikationsfähigkeit verbessern – ein halbes Jahr; finanzielle Unabhängigkeit erreichen – zehn Jahre ...

4. **Wählen Sie Ihre Top-Ten**

Sicher gibt es vieles, was Sie gerne erreichen möchten … doch wer sich zu viel vornimmt, verzettelt sich leicht. Setzen Sie darum Prioritäten, wählen Sie Ihre persönlichen Top-Ten.
Sinnvollerweise kreuzen Sie dazu in jedem Zielbereich Ihre beiden wichtigsten Ziele an. Die Verwirklichung dieser Ziele sollte ein »Muss« für Ihr Lebensglück und Ihre Lebensqualität darstellen.

5. Formulieren Sie Ihre Ziele genau aus

Notieren Sie jetzt jedes der Top-Ten-Ziele als Überschrift auf einem Blatt. Formulieren Sie Ihr Ziel genau aus. Verwenden Sie dabei möglichst viele Details und eine motivierende, emotionale Sprache. Sie müssen Ihre Ziele lebendig werden lassen, sie mit all Ihren Sinnen erfassen und beschreiben.

Zum Beispiel: die eigene Kommunikationsfähigkeit verbessern → Ich werde in sechs Monaten auf der Bühne stehen und eine tolle Rede halten. Ich werde ohne Angst und Aufregung mit kräftiger Stimme sprechen. Ich will die Zuhörer mitreißen und von meiner Geschäftsidee begeistern. Am Ende wird das Publikum lange applaudieren.

6. Begründen Sie Ihr »Warum?«

Schreiben Sie jetzt auf, warum Sie dieses Ziel unbedingt erreichen müssen. Denn: Wenn das »Warum« groß genug ist, dann wird sich das »Wie« ganz automatisch ergeben.

Zum Beispiel: → Ich gewinne an Selbstvertrauen. → Ich werde im Umgang mit meinen Mitmenschen selbstsicherer. → Selbst schwierige Situationen meistere ich souverän. → Es gelingt mir, andere zu überzeugen. → Ich habe Erfolg im Beruf. → Mein Geschäft erfährt einen ungeahnten Aufschwung. → Ich kann mir das Leben leisten, von dem ich schon immer geträumt habe ...

7. Überprüfen und verändern Sie Ihre Ziele

Mit den folgenden Fragen können Sie überprüfen, ob die Ziele, die Sie sich gesetzt haben, wirklich sinnvoll für Sie sind. Wenn nicht, dann verändern Sie die Ziele so lange, bis Sie uneingeschränkt dahinter stehen können.

→ **Erstens:** Was gewinnen Sie durch das Erreichen dieses Ziels? Zum Beispiel: Selbstvertrauen, beruflichen Erfolg, Wohlstand ...

→ **Zweitens:** Was geben Sie auf? Zum Beispiel: den ursprünglichen Beruf, das frühere Leben, vielleicht auch alte Freunde ...

→ **Drittens:** Wie könnte Ihre Umwelt reagieren? Zum Beispiel: »Du hast nur noch die Arbeit im Kopf.« »Du redest ständig von deinen Produkten.« »Warum bist du nicht zufrieden mit dem, was du hast?« »Wozu brauchst du mehr Geld?«

→ **Viertens:** Fügen Sie eventuell anderen Menschen Schaden zu? In unserem Beispiel wohl kaum. Im Gegenteil ...

→ **Fünftens:** Woran merken Sie, dass Sie Ihr Ziel erreicht haben? Zum Beispiel: Das eigene Leben ändert sich. Die Wohnung, das Auto, die Kleidung. Zum Bekanntenkreis gehören mehr erfolgreiche Leute als früher. Man hat sich von einer Person zur Persönlichkeit entwickelt ...

Ihre Ziele haben Sie nun formuliert, begründet und überprüft. Jetzt geht es daran, sie auch umzusetzen.

Über 90 Prozent Erfolgsaussicht: Die 72-Stunden-Regel

»Sagt Herr Müller zu Herrn Meier: Ich habe es geschafft, mit dem Rauchen aufzuhören! Antwortet Herr Meier: Ach! Ich habe es schon hundertmal geschafft.«

»Aufschieberitis« ist eine weit verbreitete Krankheit. Bestimmt kennen Sie das auch: Da hat man sich so viel vorgenommen und ist dann bereits in den Startlöchern stecken geblieben. Das hehre Ziel ist aus dem Fokus gerückt, verdrängt – allzu oft – von der eigenen Bequemlichkeit.

An Silvester hatten Sie sich ganz fest vorgenommen, mehr Sport zu treiben und weniger zu essen. Und dann nach ein paar Tagen waren alle guten Vorsätze dahin. Sie schaffen es einfach nicht, regelmäßig Sport zu treiben. Zweimal waren Sie im Fitnessstudio, dann gab's Stress im Büro, dann hatten die Kinder Fieber, dann war abends ein wichtiger Termin ...

Was machen erfolgreiche Menschen anders? Wie schaffen Sie es, Ihre persönlichen und beruflichen Ziele tatsächlich zu erreichen?

Ziele zu erreichen und den inneren Schweinehund, die eigene Komfortzone zu überwinden, kann funktionieren – dann, wenn wir ein paar wichtige Regeln kennen und einhalten. Die »magische 72« beispielsweise.

Die weiteren Aussichten: Super!

Nehmen Sie ein Blatt zur Hand und schreiben Sie eine große 72 darauf!

Die Erfahrung lehrt: Alles, was Sie innerhalb von 72 Stunden ins Handeln bringen, hat eine über 90-prozentige Erfolgsaussicht. Ich betone: Sie müssen es zunächst nur ins Handeln bringen, nicht schon Ihr Ziel erreichen. Das ist ja oft auch gar nicht möglich.

Möglich ist aber, für Ihr Ziel einen konkreten Aktionsplan zu erstellen und auf den Weg zu bringen.

Nehmen wir an, Sie möchten ins Network-Marketing einsteigen. Sie formulieren Ihre Vision zunächst als: »Ich werde zu den Top-Verdienern meines Network-Unternehmens gehören.«

Zunächst könnten Ihre Ziele heißen: »Ich werde ab dem Zeitpunkt XY hauptberuflich im Network-Marketing arbeiten.« Oder: »Ich werde ab dem Zeitpunkt XY nebenbei durch Network-Marketing Geld verdienen.«

Beschreiben Sie, wie oben erläutert, Ihr Ziel, begründen Sie es und überprüfen Sie es. Wenn Sie das Für und Wider erörtert und sich überzeugt für eine Alternative entschieden haben, müssen Sie ins Handeln kommen.

Nehmen wir weiter an, Sie haben sich für die Alternative entschieden: »Ich werde neben meiner bisherigen Berufstätigkeit im Network-Marketing Geld verdienen.« Nun müssen Sie sich beispielsweise umfassend über die Produkte des Unternehmens informieren. Sie müssen klären, wie viel Zeit Sie für Ihre Nebentätigkeit aufbringen wollen und können. Sie müssen einen Arbeitsplatz für sich einrichten. Sie müssen eine Liste erstellen, welche Freunde und Bekannte Sie ansprechen. Sie müssen Seminare besuchen oder sich durch Fachliteratur schlau machen. Sie können sich einen Coach oder Mentor suchen und ihn über seine Erfolgsmethoden befragen. Sie können sich Unterstützung in Ihrer Familie suchen. Und, und, und ...

Erstellen Sie Ihren Aktionsplan

WER macht WAS bis WANN? Notieren Sie jetzt, wie Sie Ihr Vorhaben ins Rollen bringen. Was tun Sie? Wann tun Sie es?

Wer kann Sie unterstützen? Wie und wann kann derjenige Sie unterstützen?

Fixieren Sie schriftlich:

Was ich in den nächsten 72 Stunden ins Handeln bringe:

_____

_____

_____

_____

_____

Schließen Sie mit sich selbst eine Erfolgsvereinbarung

Wann immer in unserer Gesellschaft etwas besonders ernst genommen wird, wird es schriftlich fixiert. Wann immer es nicht nur bei einer Absichtserklärung bleiben soll, werden Verträge geschlossen. Das ist in der Politik so, in der Wirtschaft – aber auch eine Ehe wird beispielsweise durch eine Unterschrift besiegelt.

Damit Sie Ihr Ziel diesmal nicht vorzeitig aufgeben, schließen Sie mit sich doch eine persönliche Erfolgsvereinbarung! Oftmals ist es auch sehr hilfreich, wenn Sie dabei gezielt externen Druck aufbauen. Überlegen Sie und halten Sie ganz konkret schriftlich fest, was Sie tun müssen, wenn Sie Ihr Ziel nicht erreichen – vielleicht eine stattliche Geldsumme für einen wohltätigen Zweck spenden?

Persönliche Erfolgsvereinbarung

von _____

Ich verpflichte mich, dass

_____

Mein Ziel:

_____

_____

Mein Zeitrahmen:

_____

Mein Aktionsplan:

_____

_____

Falls ich das Ziel nicht erreiche, werde ich

_____

_____

_____   _____
Ort, Datum   Unterschrift

_____

Zeuge

Belohnen Sie sich!

Mancher Weg zum Ziel ist lang und mühselig. Motivierter und erfolgreicher werden Sie sein, wenn Sie den Weg zum Ziel in verschiedene Etappen einteilen. Lance Armstrong und Jan Ullrich fuhren die Tour de France schließlich auch nicht an einem Tag. Belohnen Sie sich also auch für das Erreichen von Etappenzielen.

Belohnung bedeutet eine wirksame Verstärkung Ihres Tuns. Es bedeutet nicht, dass Sie sich nach den ersten Erfolgen sofort einen teuren Sportwagen kaufen sollen. Aber ein Kurzurlaub ist als kleine Belohnung zwischendurch genau richtig.

Erfolg – allen Widerständen zum Trotz

Sie werden mit Ihren Zielen nicht überall offene Türen einrennen. Im Beruf ebenso wenig wie im Privatleben. Sie werden auf Ablehnung stoßen, auf Kritik, auf Probleme. Sie werden Stress haben. Und Sie werden lernen müssen, damit umzugehen.

Mit Ablehnung umgehen lernen

JA oder NEIN. Im Network-Marketing gibt es genau diese beiden Möglichkeiten. Entweder ein Interessent sagt »Ja!« zu Ihrem Angebot – oder er lehnt es ab. Wenn Sie nicht wollen, dass Ihre Network-Marketing-Karriere sehr kurz ist, dann sollten Sie auch auf ein »Nein!« vorbereitet sein. Wichtig hierbei – fragen Sie sich jedes Mal, wenn ein Interessent »Nein« zu Ihrem Angebot sagt: »Was habe ich falsch gemacht? Wie hätte ich es besser machen können?«. Wenn Sie drei bis fünf Jahre damit verbringen, die Angst vor der Ablehnung zu überwinden und aus jedem »Nein« lernen, verläuft der Rest Ihres Lebens garantiert erfolgreicher.

Klar, je mehr Menschen wir ansprechen, desto häufiger werden wir wahrscheinlich ein »Nein« zu hören bekommen. Aber desto mehr Ja-Stimmen werden wir auch erhalten können.

Kein Mensch freut sich über eine Ablehnung. Aber auch extrem erfolgreiche Menschen haben in ihrer Karriere Ablehnung erfahren. Joanne K. Rowling z. B., die Autorin der Harry-Potter-Romane, lebte bis 1997 als allein erziehende Muter am Rande des Existenzminimums. Ihr erster Roman wurde zunächst von drei großen Verlagen abgelehnt. »Ich habe mich erniedrigt und wertlos gefühlt«, beschreibt sie ihre Situation in den Jahren, in denen sie auf Sozialhilfe angewiesen war. Heute wird Rowlings persönliches Vermögen auf über 100 Millionen Euro geschätzt, sie hat mehr als 110 Millionen Bücher verkauft – und laut einer repräsentativen Umfrage hat die Buchfigur Harry Potter unter den deutschen Kindern einen Bekanntheitsgrad von 100 Prozent. Davon können selbst Top-Politiker nur träumen.

Ihre Unabhängigkeitserklärung

Wir müssen also lernen, mit Ablehnung umzugehen, uns durch sie nicht entmutigen zu lassen. Die wohl beste Strategie ist es, sie nicht persönlich zu nehmen.

Verfassen Sie Ihre individuelle Unabhängigkeitserklärung und gehen Sie den Weg des Erfolgs in dem Bewusstsein, dass Sie Rückschläge und Widerstände ereilen können.

Führen Sie sich folgendes Bild vor Augen: Wenn ein Steinmetz ein Meisterwerk schafft, schlägt er zunächst mit großer Kraft auf einen Stein. Nichts passiert. Nur er weiß, wie sein Ergebnis aussehen wird. Immer wieder behaut er den Stein mit unverminderter Kraft.

Bis ... bis er der Stein auseinander bricht – vielleicht beim 500., vielleicht auch erst beim 750. Schlag. Erst jetzt kann er mit den Feinarbeiten beginnen.

Ihr Begleiter: Das persönliche Erfolgstagebuch

Nicht nur Ihre Ziele sollten Sie schriftlich fixieren, sondern auch den Weg dorthin. Am besten, Sie führen Ihr eigenes Erfolgstagebuch, in dem Sie vor allem Ihr persönliches Weiterkommen, aber auch etwaige Probleme und Herausforderungen festhalten. So können Sie aus Erfahrungen lernen, sich von gegenwärtigen Problemen besser distanzieren, beim Schreiben Ihre Gedanken ordnen und sich Ihrer Ziele erinnern.

Notieren Sie täglich, was Ihre Erfolge des Tages waren. Beantworten Sie die Fragen: Was ist mir gelungen? Was habe ich gelernt? Was hat mich meinen Zielen näher gebracht?

Der Mühe Lohn: Die Erfahrung hat gezeigt, dass Sie Ihre Erfolgschancen um rund 25 Prozent verbessern, wenn Sie ein Erfolgstagebuch führen.

Im Internet unter www.joerg-loehr.com finden Sie eine Anleitung zur Erstellung Ihres Erfolgstagebuchs als Download.

Oder Sie senden einen mit 1,44 Euro frankierten Rückumschlag an *Jörg Löhr Erfolgstraining*, Stichwort »Erfolgstagebuch«, Ulrichsplatz 6 in 86150 Augsburg. Wir schicken Ihnen dann umgehend und ohne weitere Kosten ein Erfolgstagebuch zu.

Nur Mut – Tipps für Ängstliche

Angst kennt jeder. Angst ist ein unangenehmes Gefühl von Bedrohung. Sie ist aber nicht immer schädlich.

Zunächst einmal ist Angst ein natürliches, ein nützliches Warnsystem, das uns dabei hilft, Gefahren zu erkennen und eine Bedrohung zu beseitigen.

Zum Problem wird Angst nur dann, wenn sie sich nicht mehr auf konkrete Gefahren bezieht, sondern unser ganzes Leben belastet. Wenn sie unser Handeln lähmt und uns unfähig macht, unsere Ziele zu verfolgen.

Immer mehr Menschen leiden heute unter

→ Angst vor unbekannten Situationen.
→ Angst, falsche Entscheidungen zu treffen.
→ Angst, Fehler zu machen.
→ Angst vor Ablehnung.

Die Angst vor Fehlern

Von klein auf wird uns eingetrichtert, nur ja keine Fehler zu machen. Wer Fehler macht, wird bestraft oder nicht mehr geliebt – oder beides. Das prägt. Darum haben sich viele eine bequeme Strategie zu Eigen gemacht – sie umgehen Risiken, um Fehler zu vermeiden. Die Folge: Wir machen zwar weniger Fehler, verschließen uns damit aber auch neuen Erfahrungen.

Trial and error, Versuch und Irrtum – so lautet eine gängige Forschungsmethode. Fehler werden in den Wissenschaften bewusst einkalkuliert, um neue Erkenntnisse zu gewinnen.

Auch während Ihrer Karriere im Network-Marketing werden Sie nicht alles richtig machen (können). Sie werden Kunden falsch einschätzen, Sie werden Situationen falsch einschätzen – das ist ganz normal. Wichtig ist, dass Sie lernen, positiv mit Ihren Fehlern umzugehen:

Mit Fehlern umgehen – gewusst wie!

Gestehen Sie sich (und anderen) Ihren Fehler ein. Sie müssen sich dafür nicht schämen – jeder macht mal Fehler.

Ärgern Sie sich nicht lange über Ihren Fehler. Haken Sie das Thema für sich ab.

Versuchen Sie nicht, Ihren Fehler zu rechtfertigen.

Ganz wichtig: Lernen Sie aus Ihrem Fehler! Jeder Fehler bringt Sie auch ein Stückchen weiter.

Machen Sie denselben Fehler nicht noch einmal.

Wie Sie der Angst den Schrecken nehmen

Angst ist nichts Außergewöhnliches. Dennoch gibt es Menschen, die mit dem Leben und seinen Risiken lockerer umgehen können als andere. Doch auch wenn Sie nicht zur Kategorie der »No risk, no fun«-Menschen gehören: Es gibt Strategien, besser mit Ihren Ängsten zu leben.

Mein Tipp: Nehmen Sie Ihrer Angst den Schrecken, indem Sie sie genau analysieren. Fragen Sie sich:

➜ Was ängstigt mich wirklich?

➜ Was genau verbirgt sich dahinter?

➜ Was kann tatsächlich im schlimmsten Fall passieren?

➜ Was für Möglichkeiten habe ich dann?

➜ Welche Alternativen gibt es?

Zeichnen Sie Ihr persönliches Worst-case-Szenario und kalkulieren Sie Risiken ganz bewusst als Selbstverständlichkeit ein. Nehmen Sie dann Abstand und spielen Sie das Szenario in Gedanken erfolgreich durch. Richten Sie Ihren Blick auf Ihr Ziel. Aus Erfahrung weiß ich: Die Angst kann Sie nur dann überwältigen, wenn Sie Ihr Ziel aus den Augen verlieren.

Nehmen Sie jetzt ein weißes Blatt zur Hand. Schreiben Sie darauf: »Risiko ist die Bugwelle des persönlichen Erfolgs.« Pinnen Sie sich das Blatt in Sichtweite oder an Ihren Schreibtisch. Und wann immer die Angst kommt ... lesen und verinnerlichen Sie dieses Zitat von Carl Amery.

Erfolgsfalle Perfektionismus

Wenn ehrgeizige Menschen ihre größte Schwäche angeben sollen, kommt nicht selten der Satz: »Ich bin einfach zu perfektionistisch.« Da wird häufig kokettiert, weil Perfektionismus in unserer Arbeitswelt noch am wenigsten als Schwäche angesehen wird. Lieber Perfektionist als Schlamper.

Perfektionismus kann aber durchaus zu einer ernst zu nehmenden Erfolgsbremse werden. Mr. und Mrs. Perfect unterliegen dem zwanghaften Wunsch, jede Aufgabe perfekt zu lösen. Perfektionisten wollen

→ … alles oder nichts.

→ … auf meine Art oder gar nicht.

→ … jetzt oder nie.

→ … perfekt oder gar nicht.

Das kann nicht funktionieren, und darum sind Perfektionisten ständig unzufrieden und leiden – an der eigenen Unzulänglichkeit und den Unzulänglichkeiten anderer.

Klar: Ehrgeiz ist wichtig. Die meisten Menschen überschätzen, was sie in einem Jahr bewegen können – und unterschätzen, was in zehn Jahren möglich ist. Aufgaben müssen mit Begeisterung, mit Leidenschaft und dem Wunsch nach dem bestmöglichen Ergebnis angegangen werden.

Dennoch: Bevor Sie an zu hoch geschraubten Ansprüchen scheitern … legen Sie sich doch eine Portion Gelassenheit zu. Wenn Sie sich bereits am Anfang Ihrer Karriere auspowern und selbst frustrieren, fehlt Ihnen später die notwendige Kondition. Sie werden – auch im Network-Marketing und seinen unglaublichen Möglichkeiten – nichts in einigen Monaten schaffen, wofür andere Jahre brauchten.

Schrauben Sie zunächst völlig überhöhte Ansprüche zurück.

Überprüfen Sie Ihre Kriterien, die zu überzogenen Wertmaßstäben führen. Fragen Sie Freunde und Kollegen, wie sie bestimmte Situationen bewerten.

Versuchen Sie mal, das »Pferd von hinten aufzuzäumen«. Legen Sie fest, wie das Ergebnis aussehen soll – und dann erst die Schritte zum Ziel.

Setzen Sie Prioritäten. Listen Sie auf, was sofort erledigt werden muss – und was warten kann.

Werden Sie kompromissbereiter.

Befreien Sie sich von zwanghaften Denkmustern.

Vergessen Sie über Ihrer Detailbesessenheit nicht die wirklich wichtigen Zusammenhänge.

Stellen Sie sich den Super-GAU vor, ehe Sie ein neues Projekt beginnen. Was kann im schlimmsten Fall passieren?

Machen Sie Ihren Wert nicht allein von Ihrer Arbeit abhängig.

Lernen Sie, auch »Nein« zu sagen – vor allem zu den Kleinigkeiten, die Sie von Ihren großen Zielen abhalten.

Konstruktiv mit Stress umgehen

Das Telefon klingelt im Drei-Minuten-Takt. Die Spedition liefert gerade Kartons mit Produkten, die Sie unbedingt noch auf Vollständigkeit kontrollieren müssen. Und Ihr Sohn diskutiert mit Ihnen darüber, ob Sie ihn nicht doch zum Fußballtraining fahren könnten, da sein Fahrrad kaputt ist.

Jeder kennt Stresssituationen, und auch in Ihrer Tätigkeit als Networker werden Sie Hektik erleben. So schön es auch ist, flexibel und eventuell von zu Hause aus zu arbeiten – es kann auch anstrengend sein, Beruf und Familie unter einen Hut zu bringen.

Zunächst einmal ist Stress – wie Angst – ein natürlicher Teil unseres Lebens. Was Sie jedoch unter Stress verstehen, kann sich durchaus von dem unterscheiden, was für Ihre Kollegen, Freunde oder Nachbarn Stress bedeutet. Dieselbe Situation, derselbe Druck kann den einen inspirieren und zu Höchstleistungen beflügeln – und den anderen zermürben.

Was ist Stress?

Geprägt hat den Begriff »Stress« als Erster der Forscher Hans Selye, um die Reaktion von Tieren und Menschen auf Belastung zu beschreiben. Heute ist der vormals neutrale Ausdruck in der Regel negativ besetzt und steht stellvertretend für Belastungen aller Art.

Ursprünglich unterschieden die Experten den positiven, den Eu-Stress, der uns motiviert, und den negativen Dis-Stress, der uns auf Dauer krank machen kann. Stress ist der Versuch des Körpers, sich auf besondere Belastungen einzustellen. Stress diente in der Evolution vor allem dazu, in lebensbedrohlichen Situationen alle Kräfte zu konzentrieren, Energiereserven zu mobilisieren. Dazu werden Stresshormone ausgeschüttet – das Adrenalin, das innerhalb von Sekunden wirkt, und das längerfristig tätige Kortisol. Während Eu-Stress durchaus einen Wachstumsfaktor für unsere Persönlichkeit darstellt, kann negativer Stress auf Dauer das empfindliche Gleichgewicht im System Mensch stören.

Die Folgen von Dauerstress

Dis-Stress ist ein Energieräuber. Vor allem dann, wenn die Belastung dauerhaft wird, wenn Adrenalinspiegel und Kortisolniveau dauerhaft hoch sind. Häufige Folgen sind Kopfschmerzen, Schlaflosigkeit, Verspannungen im Nacken- und Rückenbereich – und im schlimmeren Fall Bluthochdruck und Herzkrankheiten. Die

Weltgesundheitsorganisation *WHO* hat Stress sogar zur größten Gesundheitsgefahr im 21. Jahrhundert erklärt.

Die besten Strategien gegen negativen Stress

Um zu verhindern, dass sich körperliche und seelische Belastungen zu chronischem Dis-Stress und in der Folge zu ernst zu nehmenden Krankheiten ausweiten können, müssen wir lernen, mit Belastungen besser umzugehen.

Das beinhaltet eine körperliche ebenso wie eine seelische Komponente. Mehr Gelassenheit und eine positive Einstellung gegenüber herausfordernden Situationen sind ein wichtiger erster Schritt.

Dreh- und Angelpunkt ist die Fähigkeit zur Entspannung. Es gibt viele Wege, bewusst zu entspannen. Von Yoga über Meditation bis zur progressiven Muskelentspannung. Ausreichend Schlaf – auch das ist wichtig gegen Dauerstress. Am besten, Sie schlafen sieben bis acht Stunden pro Nacht. Studien haben gezeigt: Wer dauerhaft unter sechs oder über neun Stunden schläft, stirbt mit 30-prozentiger Wahrscheinlichkeit früher als jemand, der ausreichend schläft. Reduziert werden sollte zudem alles, was den Körper zusätzlich belastet: übermäßiger Kaffeegenuss zum Beispiel – und vor allem Zigaretten.

Die beste Sofortmaßnahme gegen Stress

→ Sagen Sie laut: STOPP! Zählen Sie ganz langsam bis 10.

→ Schließen Sie die Augen. Atmen Sie langsam ein und wieder aus. Lassen Sie dabei die Schultern fallen und entspannen Sie die Hände.

→ Atmen Sie noch einmal tief ein und überzeugen Sie sich, dass Ihre Zähne beim Ausatmen nicht zusammengepresst sind.

→ Machen Sie noch ein paar ruhige Atemzüge.

→ Jetzt kräftig ausatmen, etwa eine Minute lang: Nun produziert Ihr Körper Kalzium, eine Art schnelles »Antistresssalz«.

Was Ihnen im Alltag gut tut

Lassen Sie Ihren Blick schweifen, schauen Sie in die Ferne. Schalten Sie kurz ab.

Lassen Sie bewusst die Schultern fallen und entspannen Sie Ihre Nackenmuskulatur.

Lächeln Sie! Ihre Gesichtsmuskulatur wird auch durch bewusst gesteuertes Lächeln entspannt.

Legen Sie doch mal die Füße hoch! Am besten kurz auf den Rücken legen, Füße hoch auf einen Stuhl – fertig. Diese Position entlastet den unteren Rückenbereich und wirkt dadurch entspannend.

Massieren Sie druckvoll Ihre Schläfen. Diese »Akupressur« stimuliert die Nerven dort und trägt damit auch zur Entspannung der Nackenmuskulatur bei.

Unternehmen Sie eine Fantasiereise. Schließen Sie die Augen für ein paar Minuten, hören Sie entspannte und beruhigende Musik und stellen Sie sich einen Ort vor, an dem Sie sich besonders wohl gefühlt haben. Malen Sie sich den Ort in allen Details aus, den Geruch, das Licht. Schalten Sie all Ihre Sinne dazu ein.

Bewegen Sie sich!

Erforscht ist, dass Bewegung hilft, Stresshormone abzubauen. Aus der Evolution lässt sich das auch leicht erklären: Auf Stresssituationen folgte generell körperliche Anstrengung (Angriff oder Flucht). Joggen, Rad fahren, schwimmen, walken – tun Sie damit regelmäßig etwas für Ihren Körper, kommen Sie in Bewegung! Drei- bis viermal die Woche pulsgesteuertes Training wirkt wahre Wunder. Sinnvoll sind Ausdauersportarten, die Sie überall durchführen können und die Ihre Gelenke möglichst wenig belasten.

Erfolg braucht Unterstützung – das Netzwerk Ihres Erfolgs

Der Mensch ist ein soziales Wesen. Beim Erreichen Ihrer Ziele sind Sie zwangsläufig auf andere Menschen angewiesen. Der Begriff »Network-Marketing« sagt es ja bereits: Der Erfolg Ihres Geschäfts hängt davon ab, wie Sie andere Menschen in Ihr Netzwerk einbinden können.

Um im Network-Marketing Erfolg zu haben, brauchen Sie
→ die Unterstützung Ihrer Familie,
→ zufriedene Kunden und
→ eine funktionierende Downline.

Es gibt zwei Grundvoraussetzungen für erfolgreiches Arbeiten als Networker. Erstens: Sie müssen sich selbst motivieren können. Wie Sie Selbstmotivation finden, habe ich Ihnen bereits auf den vorangegangenen Seiten aufgezeigt.

Und Sie müssen – zweitens – auch in der Lage sein, andere für sich und Ihre Ideen zu gewinnen.

Durch Kommunikation überzeugen

Kommunikation ist mehr als verbaler Informationsaustausch. »Man kann nicht nicht kommunizieren«, lautet ein zentraler Lehrsatz des Kommunikationswissenschaftlers Paul Watzlawick. Ein Beispiel: Eine Frau sitzt im Wartezimmer und starrt auf den Boden. Kommuniziert sie nicht? Doch: Sie kommuniziert den anderen Wartenden deutlich, dass sie keinen Kontakt sucht.

Wir kommunizieren also immer, egal, ob durch unsere Körpersprache oder verbal. Und unsere Kommunikation verfolgt immer auch ein Ziel. Ein großer Teil der Kommunikationsforschung befasst sich speziell mit der Frage, welche Kommunikationswirkungen unter welchen Bedingungen eintreten. Bislang ist deutlich, dass ganz unterschiedliche Faktoren darüber entscheiden können, ob eine Kommunikation überzeugend oder weniger überzeugend ist. Fakt ist, dass geschickt gewählte Worte allein nicht reichen. Untersuchungen haben gezeigt, dass auch die Stimme und die Körpersprache über Erfolg oder Misserfolg Ihrer Botschaft entscheiden.

Menschen mit dem C-Faktor zeichnet vor allem eines aus: ihre Kommunikationsfähigkeit, ihre Bereitschaft, auf Menschen zuzugehen, das Gespräch zu suchen, sich mitzuteilen und letztlich auch zu überzeugen. Als Unternehmer oder Unternehmerin müssen Sie Ihr Unternehmen repräsentieren und Ihr Angebot präsentieren können.

Viele Menschen haben Angst, vor größeren Gruppen zu sprechen, Konzepte und Angebote zu präsentieren. Häufig deshalb, weil sie darin nicht geübt sind. Doch Reden und Argumentieren kann man lernen und trainieren. Einige wichtige Regeln sollten Sie beachten, wenn Sie andere für sich und Ihre Ideen gewinnen möchten.

1. **Gehen Sie auf Ihre Gesprächspartner ein.** Fragen Sie nach, lassen Sie Ihre Gesprächspartner erzählen. So können Sie später besonders gut auf individuelle Wünsche eingehen, mit persönlichen Beispielen argumentieren.

2. **Beschränken Sie sich bei Ihrer Präsentation auf das Wesentliche** – ob im Verkaufsgespräch oder bei etwaigen Vertriebspartnern. Ihr Gegenüber kann die ganze Komplexität hinter Ihren Ideen und Produkten nicht innerhalb eines einzigen Gesprächs erfassen. Machen Sie sich vor jedem Gespräch klar, was das Wesentliche ist, was Sie »rüberbringen« wollen. Setzen Sie die Brille Ihres Gesprächspartners auf: Warum ist

Network-Marketing für ihn eine enorme Chance? Warum sind Ihre Produkte für ihn ein enormer Gewinn?

Tipp: Schauen Sie vor den ersten Präsentationen vielen erfolgreichen Networkern über die Schulter. Was macht deren Erfolg aus? Was ist deren Story? Welche Beispiele, welchen Gesprächsleitfaden verwenden sie? Machen Sie dann Probepräsentationen vor Menschen, die Ihnen inhaltliche und formale Hinweise geben können. Dies sorgt für die nötige Sicherheit.

Die Internetplattform *TechRepublic* wollte wissen, welche die Top-Ten-Führungsqualitäten erfolgreicher IT-Manager sind. Das Ergebnis? »Geschickte Kommunikation« landete auf Platz 1, vor »technischem Know-how« (Platz 6) und vor »gründlichem Verständnis für betriebswirtschaftliche Zusammenhänge«, abgeschlagen auf Platz 9. Die Begründung: Ein guter IT-Manager muss den fachlichen Austausch mit Technikern pflegen können, er muss aber auch technischen Laien etwas vermitteln können und er muss intern überzeugen, um das Unternehmen voranbringen zu können. Das lässt sich nach meinen Erfahrungen problemlos auf andere Branchen übertragen: Kommunikation ist meist viel wichtiger als fachliches Know-how!

Kommunikation bzw. Kommunikationsfähigkeit ist ein ganz wesentlicher Soft Skill – Ihr Schlüssel zum Erfolg.

Ein Team aufbauen und führen

Ein paar Grundregeln vorneweg ...

Der amerikanische Idealist Dr. Norman Vincent Peale hat einige ganz einfache Regeln aufgestellt, wie wir besser kommunizieren, besser Beziehungen und damit letztlich Netzwerke aufbauen können:

Lernen Sie, sich Namen besser zu merken. Es gefällt anderen Menschen, wenn man sich an sie erinnert.

Seien Sie umgänglich. Machen Sie es anderen leicht, mit Ihnen zu reden und umzugehen. Zeigen Sie Interesse an anderen Menschen. Werden Sie zu dem, den Sie selbst gerne um sich hätten.

Versuchen Sie, immer von anderen zu lernen. Erwecken Sie nie den Eindruck, Sie wüssten alles besser.

Respektieren Sie die Meinung anderer.

Arbeiten Sie an Ihren Umgangsformen. Seien Sie wohlwollend, höflich, taktvoll.

Werden Sie zum Schlichter. Bemühen Sie sich, Missverständnisse aufzuklären.

Schauen Sie über die Schwächen und Fehler anderer großzügiger hinweg.

Ermutigen Sie, helfen Sie, sagen Sie ihnen, wenn Ihnen etwas gut gefällt.

Menschen, die sich im Network-Marketing selbstständig machen möchten, müssen andere Menschen für sich gewinnen. Sie brauchen Kunden und Vertriebspartner, die motiviert und fähig sind, ein eigenes Geschäft aufzubauen. Es gilt also, potenzielle Interessenten für ein Produkt bzw. ein Konzept zu finden. Effektive Kommunikation ist hier ein ganz wesentlicher Punkt. Wichtig ist, die Perspektive des Gesprächspartners einnehmen zu können, seine Argumente zu antizipieren und seinen Nutzen darzustellen. Aber auch Selbstbewusstsein gehört dazu. Wer überzeugen will, darf nicht als Bittsteller auftreten. »Ich habe etwas zu geben« – das muss Ihre innere Überzeugung sein.

Setzen Sie auf Ihre Persönlichkeit!

»Eine Persönlichkeit ist, wer seine Anlagen als Person zu besonderer Entfaltung und Ausgeprägtheit in Form individueller Eigenart und charakterlicher Originalität gebracht hat«, definiert der *Brockhaus*.

Franz Beckenbauer, Heidi Klum – das sind Menschen mit Persönlichkeit, mit Ausstrahlung. Betrachten Sie sich doch einmal die Besten Ihrer Branche – das sind Typen mit Charisma, authentische Persönlichkeiten.

Individuelle Eigenart? Charakterliche Originalität? Damit ist nichts anderes gemeint als Ihr ureigenes Potenzial, Ihr USP. Welche Stärken haben Sie bei sich selbst entdeckt?

Vielleicht unterscheidet sich Ihr Selbstbild von dem, was andere in Ihnen sehen. Vielleicht liegt das daran, dass Sie Ihre Persönlichkeit nicht deutlich kommunizieren, vielleicht aber auch daran, dass Sie Ihre Stärken noch gar nicht entdeckt haben.

Mein Tipp: Formulieren Sie für sich Ihr Selbstbild. Ehrlich und offen. Fragen Sie sich, was Ihre Persönlichkeit ausmacht. Wie sehen andere Sie? Fragen Sie ruhig Freunde und Bekannte!

Welches Bild von sich würden Sie gerne bei anderen erzeugen? Versuchen Sie, beides Schritt für Schritt in Einklang zu bringen – Ihr Selbstbild und das Bild, das andere von Ihnen haben. Erst dann werden Sie authentisch sein.

Zusammenfassung

Was machen erfolgreiche Menschen anders als andere?

Die vorangegangenen Seiten haben vor allem eines gezeigt: Erfolg ist machbar. Erfolg ist nicht Glück, nicht Zufall (schön, wenn das hinzukommt!), sondern harte Arbeit. Oder, wie es Thomas A. Edison formuliert hat: »Erfolg hat nur, wer etwas tut, während er auf den Erfolg wartet.«

→ C-Faktor, so habe ich den gemeinsamen Nenner genannt. Denn bei allen Unterschieden gibt es einige zentrale Gemeinsamkeiten, die sich aus vielen Erfahrungen und den Erfolgsstorys anderer filtern lassen. Erfolgreiche Menschen übernehmen Verantwortung für ihr Tun, sie nehmen ihren Erfolg selbst in die Hand. Erfolgreiche Menschen sind fleißig, beharrlich, sie sehen Probleme als Herausforderungen und glauben an ihre Chance. Sie sind mutig und offen für Neues.

→ Doch es geht nicht nur um besondere Eigenschaften und Erfolgstugenden. Erfolg bedeutet Lebenserfolg – und den kann letztlich nur derjenige haben, der auf seine ganz individuellen Stärken setzt. Basis für die Kultivierung von Stärke ist Talent. Erfolgreiche Menschen bauen auf ihr individuelles Potenzial und entwickeln es durch Wissen, Können und Wollen konsequent weiter.
Apropos Wollen: Erfolgreiche Menschen sind hochmotiviert, sie gehen leidenschaftlich an ihre Ziele heran. Niemand kann uns Motivation frei Haus liefern. Und auch dieses Buch wird Sie nicht mobilisieren, wenn Sie nicht mitziehen, wenn Sie nicht wirklich wollen. Ich kann Ihnen zwar Strategien und Instrumente an die Hand geben und die nötige Inspiration liefern, wie Sie Ihre Ziele schneller erreichen können. Doch Motivation finden Sie letztlich nur in sich selbst.

→ Klären Sie für sich genau, ob Ihnen eine Karriere im Network-Marketing entspricht. Und ob sie zu Ihren Werten und Lebenszielen passt.
Seien Sie sich bewusst, dass Sie für Ihren Erfolg hart arbeiten müssen, auch im Zukunftsmarkt Network-Marketing. Das kann mitunter auch bedeuten, dass Sie genau dann arbeiten, wenn andere längst Feierabend haben.
Überlegen Sie sich vorher, wie viel Zeit Sie investieren können und wollen. Und besprechen Sie das auch mit Ihrer Familie.

→ Haben Sie Ihre Entscheidung getroffen, geht es um die Formulierung konkreter Ziele. Es ist wie bei einem Navigationssystem – geben Sie kein Ziel ein, kann Ihr Auto den Weg nicht finden. Nur wer ein Zielfoto im Kopf hat, kann auch erfolgreich sein.

→ Sind die Ziele gewählt, müssen Sie ins Handeln kommen – und das schnell. Alles, was Sie innerhalb von 72 Stunden ins Handeln bringen, hat eine über 90-prozentige Erfolgsaussicht. Mit einem Aktionsplan können Sie genau festlegen, was Sie wann zu tun haben und wer Sie dabei unterstützen kann.

→ Ihr Weg zum Erfolg wird nicht immer geradlinig verlaufen. Es werden Probleme und Widerstände auftauchen. Und Sie werden lernen müssen, mit Ablehnung umzugehen. Wichtig ist: Halten Sie dennoch an Ihrem Erfolgskonzept fest – ein Erfolgstagebuch kann Ihnen dabei helfen.

→ Ängste und Sorgen gehören zum menschlichen Leben. Das ist o.k., wenn es Ihnen hilft, mögliche Probleme bereits vorab zu identifizieren und mit einer »Worst-case-Strategie« zu antizipieren. Lassen Sie aber nicht zu, dass Ängste und Sorgen Sie in Ihrem Handeln lähmen. Bleiben Sie gelassen, aber dennoch beharrlich beim Verfolgen Ihrer Ziele.

→ Auch mit Dis-Stress können Sie konstruktiv umgehen lernen – einige erprobte Strategien und Sofortmaßnahmen gegen negativen Stress habe ich Ihnen aufgezeigt. Suchen Sie aktiv die Entspannung, machen Sie regelmäßig Pausen – nur dann können Sie auch dauerhaft gute Leistung bringen.

→ Networking bedeutet, Netzwerke zu knüpfen und Beziehungen aufzubauen. Sie müssen Kunden und Vertriebspartner für sich gewinnen können – Grundvoraussetzung dafür sind kommunikative Fähigkeiten.

→ Menschen mit dem C-Faktor zeichnet vor allem eines aus: ihre Kommunikationsfähigkeit, ihre Bereitschaft, auf Menschen zuzugehen, das Gespräch zu suchen, sich mitzuteilen und letztlich auch zu überzeugen.

→ Sie können viel für sich und Ihren Erfolg tun: Lernen Sie, an Ihrer inneren Einstellung zu arbeiten, mit Spaß an neue Aufgaben heranzugehen. Schaffen Sie sich die Basis für Ihren Erfolg und entwickeln Sie sich, Ihre Persönlichkeit konsequent weiter.
Jede Veränderung beginnt mit einer bewussten Entscheidung: Ja. Ich tue es. Und jeder Entscheidung müssen Einsichten vorausgehen: So bin ich. Das liegt mir. Das will ich. Da will ich hin.

Nehmen Sie Ihr Leben in die Hand. Entscheiden Sie sich für den Erfolg. Und handeln Sie. Jetzt!

Unsere Gedanken

haben eine ungeheure **Kraft**.

Es ist in unsere Entscheidung gelegt,

diese **Macht** zu unserem Nutzen oder

Schaden einzusetzen.

Mit der **Kraft der Gedanken**

bestimmen wir

nicht nur über Gesundheit und Krankheit,

sondern unsere Gedanken

sind unser **Schicksal**.

Das ist eine Gesetzmäßigkeit,

der sich keiner entziehen kann;

aber gleichzeitig eine

wunderbare Chance.

William James, amerikanischer Philosoph und Psychologe, 1842–1910

Zu guter Letzt ...

»Ich prüfe jedes Angebot, denn es könnte die Chance meines Lebens sein«, sagte einst Henry Ford (1863-1947).

Network-Marketing ist eine Chance. Es bietet die Möglichkeit, einen kreativen, erfüllenden Berufsweg einzuschlagen, die eigene Persönlichkeit zu entfalten und den Traum von finanzieller Freiheit Wirklichkeit werden zu lassen. Lebensziele, die bislang in unerreichbarer Ferne schienen, sind plötzlich zum Greifen nahe. Die tiefsten Wünsche werden mit einem Mal Wirklichkeit: Freiheit, Glück, Geld, Sicherheit, Zeit für die Familie und für Freunde.

Network-Marketing ist auf dem besten Wege, die Geschäftsidee der Zukunft zu werden. Bereits 50 Millionen Menschen sind weltweit im Direktvertrieb und im Network-Marketing aktiv – und täglich werden es mehr. Carl F. Rehnborg, der Tüftler und Tausendsassa, der den Stein Mitte der 1930er Jahre ins Rollen brachte, würde sich heute verwundert die Augen reiben. Er war es, der 1929 in seinem kleinen Versuchslabor in Bilbao unterschiedlichste Kräuter pulverisierte und daraus ein Konzentrat entwickelte, das als Vorläufer der heutigen Nahrungsergänzungsmittel gilt. Freunde verkauften es für ihn, und er partizipierte daran in Form von Provisionen. Die Idee des Network-Marketing war geboren.

Sinnvolle Alternative

Heute begünstigen vor allem wirtschaftliche und gesellschaftliche Faktoren den Aufschwung dieser Vertriebsform. Das Kommunikationszeitalter mit neuen Technologien und einem globalen Markt hat die Welt verändert. Gleichzeitig vollzieht sich auf dem Arbeitsmarkt ein Strukturwandel mit dramatischen Folgen. Sicher geglaubte Arbeitsplätze gehen zu Tausenden verloren, die Rente bietet im Alter keine ausreichende Sicherheit mehr. Millionen von Menschen finden auf dem Arbeitsmarkt keinen geeigneten Job. Manager der oberen und mittleren Führungsebene, Unternehmer, die mit wirtschaftlichen Schwierigkeiten kämpfen, aber auch Menschen aus dem Verkaufs- und Servicebereich sind auf der Suche nach neuen Geschäftsideen.

Gesellschaftliche Trends wie »Cocooning« und »Clanning« begünstigen den Vormarsch von Network-Marketing zusätzlich. Die amerikanische Forscherin Faith Popcorn beobachtet seit Beginn der 1990er Jahre, dass sich die Menschen am liebsten in einen Kokon einspinnen und in ihre Wohnung oder ihr Haus zurückziehen. Die eigene Wohnung wird vermehrt als Lebens-, Einkaufs- oder Arbeitswelt genutzt. Zudem haben sie das Bedürfnis, sich in Gruppen zusammenzufinden.

Network-Marketing ist heute für viele eine sinnvolle Alternative zur bisherigen Arbeitswelt. Sie können einige Stunden pro Woche arbeiten – oder auch ganztags. Sie können nebenberuflich Geld dazuverdienen oder hauptberuflich im Network-Marketing Karriere machen. Sie können sich ihre Zeit selbst einteilen und eigene Entscheidungen treffen. Zudem steht Network-Marketing jedem offen, der motiviert und engagiert ist: Frauen und Männern, Menschen jeden Alters, jeder Nationalität, jeder Bildung und jeder Herkunft. Voraussetzung dafür sind der unbedingte Wille, erfolgreich zu sein, und intensive Anstrengung. Wer Network-Marketing nur als Hobby betreibt, wird niemals den ganz großen Erfolg für sich verbuchen können. Der Lohn intensiver Arbeit und Anstrengung sind persönliche Freiheit, finanzielle Unabhängigkeit und ein erfülltes Leben.

Wirtschaftliches Potenzial

Zu den reizvollsten Merkmalen von Network-Marketing gehört das passive Einkommen. Die Branche birgt ein wirtschaftliches Potenzial in sich wie kaum eine andere. Jeder, der Network-Marketing lange und gut genug betreibt, hat die Chance, große Summen an Geld zu verdienen. Dass Network-Marketing jenen, die sich mit ihrer Arbeit identifizieren, Spaß macht, zeigt die aktuelle Studie »Network-Marketing in Deutschland 2005«. Drei Viertel aller Networker sind mit ihrer Tätigkeit zufrieden, etliche sogar sehr zufrieden. Im Gegensatz dazu stehen Studien über Motivation und Zufriedenheit deutscher Arbeitnehmer, die eine ganz andere Sprache sprechen. Danach machen rund 70 Prozent der Arbeitnehmer Dienst nach Vorschrift – und immerhin 18 Prozent haben bereits innerlich gekündigt.

Der typische Networker in Deutschland ist fast ausschließlich für ein Unternehmen tätig, verkauft, vermittelt und empfiehlt überwiegend Produkte aus dem Wellness- und Gesundheitsbereich und ist seit weniger als zwei Jahren im Geschäft. Er arbeitet vor allem nebenberuflich, im Schnitt etwa 16 Stunden pro Woche, möchte Network-Marketing aber bald zum Hauptberuf machen. Bereits ein Fünftel aller Networker erzielt ein monatliches Einkommen von mehr als 2.000 Euro. Seine Vertriebpartner gewinnt der Networker fast ausschließlich durch persönliche Gespräche.

Begeisterung und Ausdauer

Die Grundlage eines jeden Network-Marketing-Geschäfts sind Produkte oder Dienstleistungen. Dennoch sind gute Produkte nicht gleichbedeutend mit einem hohen Umsatz. Noch wichtiger als die Produkte selbst ist die Einstellung des Networkers dazu. Er muss von seinen Produkten begeistert sein. Denn Begeisterung ist ansteckend. Wer begeistert ist, kann Ausdauer entwickeln, sich und andere bewegen und damit ungeahnte Kräfte freisetzen. Mit Begeisterung ist fast alles zu schaffen. Es ist die Begeisterung, die den wichtigen Unterschied zwischen Siegern und Verlierern macht.

Der zweite wichtige Schritt besteht darin, sich Geschäftspartner auszusuchen und eine Organisation aufzubauen. Denn wer Network-Marketing im großen Stil betreiben möchte, muss bereit sein, andere am Erfolg zu beteiligen. Ein weiterer Mosaikstein im großen Network-Puzzle ist eine gelungene Präsentation. Die hierfür benötigten Hilfsmittel wie Infobroschüren, Videos oder CDs werden vom Network-Unternehmen meist gerne zur Verfügung gestellt. Gleichzeitig ist es wichtig, die Präsentation so einfach wie möglich zu gestalten. Denn sie soll duplizierbar sein.

Duplikation gehört zu den wichtigsten Begriffen im Network-Marketing. Keiner muss sein eigenes Erfolgssystem entwickeln. Das System ist bereits fertig, erprobt und bewährt. Und je mehr Leute einem erprobten und bewährten Plan folgen, desto mehr werden erfolgreich und stärken dadurch die eigene Organisation. Es bewahrheitet sich der kluge Spruch: »Wenn Sie jemandem einen Fisch geben, geben Sie ihm Nahrung für einen Tag. Bringen Sie ihm Angeln bei, geben Sie ihm Nahrung für das ganze Leben.«

Stärken und Talente

Wer es ganz nach oben schaffen will, muss die Eigenschaften eines Champion in sich vereinen. Dazu gehören Erfolgstugenden wie Selbstdisziplin, Beharrlichkeit und Risikobereitschaft, aber auch Motivation und das Ausschöpfen des eigenen Potenzials. Das Erkennen der eigenen Stärken ist ein wesentlicher Schlüssel zum Erfolg. Das gilt für Network-Marketing mehr als für jedes andere Geschäft. Denn Network-Marketing erfordert keine bestimmte Ausbildung oder Qualifikation. Viel wichtiger ist es, die eigene Persönlichkeit und die eigenen Stärken wirkungsvoll einzusetzen. Talent, gepaart mit Wissen, Können und Wollen – so lautet das Erfolgsrezept für Top-Networker und solche, die es werden wollen.

Menschen, die ihr eigenes Spielfeld gefunden haben, gehen motivierter ans Werk. An die Spitze aber schaffen es nur diejenigen, die eine Vision haben und sich konkrete Ziele setzen. Denn Ziele sind wie ein Kompass, der auch in schwierigen Situationen hilft, den richtigen Weg zu finden. Ohne genaue Zielvorstellung wird die Energie meist sinnlos vergeudet, und die Motivation geht verloren. Am besten ist es, Ziele schriftlich zu fixieren, sie zu begründen und regelmäßig zu überprüfen. Das Wichtigste aber ist, ins Handeln zu kommen.

Natürlich ist die Theorie immer einfacher als die Praxis. Denn bequeme Gewohnheiten, Versagensängste, Perfektionismus, die Angst vor Fehlern oder Kritik halten viele davon ab, individuelle Stärken und die eigene Persönlichkeit weiterzuentwickeln. Wer nichts wagt, riskiert auch nicht, sich zu blamieren. Wer nichts Neues versucht, kann keine Fehler machen. Emotionale Blockaden verhindern, dass sich Menschen neue Ziele stecken und ihr Potenzial ausschöpfen, um diese Ziele zu erreichen.

Wille zum Erfolg

Gerade im Network-Marketing ist die Angst vor Ablehnung besonders groß. Denn wer sein Produkt oder seine Geschäftsidee vorstellt, muss mit Einwänden rechnen. Ein »Nein« ist eine klare Antwort. Professionelle Networker gehen auch mit Ablehnung professionell um. Sie können es sich nicht leisten, die »Neins« in diesem Geschäft persönlich zu nehmen. Stattdessen gelingt es ihnen, sich auch nach vermeintlichen Misserfolgen immer wieder neu zu motivieren.

Andererseits sollten Neueinsteiger in den ersten Monaten keine Wunder erwarten, sondern sich die nötige Zeit lassen, die der Aufbau einer Organisation erfordert. Network-Marketing ist kein Rennen. Manche müssen ein bisschen mehr an sich arbeiten, bis sie ein Geschäft aufbauen. Andere bringen bessere Voraussetzungen für den Umgang mit Menschen mit. Doch das ist nicht entscheidend. Was wirklich zählt, sind eine positive Einstellung und der Wille zum Erfolg.

»Was immer du tun kannst oder wovon du dir erträumst, es zu tun, beginn' es. Die Kühnheit besitzt Genie, sie besitzt Macht und Zauberkraft«, heißt es bei Johann Wolfgang von Goethe (1749–1832).

Warum also Network-Marketing nicht mit Kühnheit und Leidenschaft betreiben? Warum Network-Marketing nicht als das erkennen, was es wirklich ist? Eine Gelegenheit, das Leben nach seinen eigenen Vorstellungen zu gestalten. Wer erfolgreich sein will, muss die bedingungslose Verpflichtung eingehen, so lange zu arbeiten, bis es wirklich funktioniert. Neueinsteiger sollten zunächst an den kleinen Dingen arbeiten. Die kleinen Erfolge werden ihnen das Selbstbewusstsein geben, die großen Dinge anzugehen. Jeder Sieg gibt ihnen ein gutes Gefühl.

Auch Thomas Alva Edison (1847-1931) hat sein Unternehmen nicht innerhalb weniger Monate aufgebaut. Der Sohn eines Kohlehändlers aus Ohio, der als Erfinder der Glühbirne gilt und die gewaltige Macht von Netzwerken verstanden hat, brauchte Jahrzehnte, um sein Firmenimperium aufzubauen. Später war Edison einer der reichsten Männer seiner Zeit, obwohl sein Vater immer glaubte, der Sohn sei dumm. Wie sehr sich der Vater doch getäuscht hatte!

Literatur-
verzeichnis

Averill, Mary/Corkin, Bud: Netzwerk-Marketing – In fünf Schritten zum professionellen Direktverkauf.
Wirtschaftsverlag Carl Ueberreuther, Frankfurt a. M./Wien 2003

Becke, Reinhard von der: Das Job-Wunder – Millionen freie Stellen im Direktvertrieb. Econ Verlag, München 1999

Berry, Richard: Direct Selling – From Door to Door to Network-Marketing. Biddles Ltd., Oxford 1997

Fogg, John Milton: Der beste Networker der Welt.
John Milton Fogg Inc., Charlottesville 1999

Hedges, Burke: Traumgeschäft.
Com/Tycoon, Asbach-Bäumenheim 2002

Kalench, John: Erreichen Sie Höchstform in MLM.
MLM Training Fachverlag, Innsbruck 2004

Kishel, Gregory F./Kishel, Patricia Gunter: Start and Succeed in Multilevel Marketing. John Wiley & Sons Inc., New York 1999

Kiyosaki, Robert T./Lechter, Sharon L.: The Business School.
MLM Training Fachverlag, Innsbruck 2004

Kiyosaki, Robert T./Lechter, Sharon L.: Forever Rich.
Verlag Moderne Industrie, Bonn 2002

Ludbrook, Edward: The Big Picture – Warum Network-Marketing boomen wird. European Network Services, Fellbach 1997

Moore, Angela M.: Building a Successful Network Company.
Prima Publishing, Rocklin/USA 1998

Network-Karriere: Die Arbeitsinitiative 2005.
Central Druck Medien AG, Böblingen 2005

Peters, Tom: Re-imagine – Spitzenleistungen in chaotischen Zeiten.
Dorling Kindersley Verlag, Starnberg 2004

Poe, Richard: Wave 4 – Network-Marketing im 21. Jahrhundert.
MOM Media Medien- und VerlagsGmbH, Fellbach 2003

Pritchard, Paula: Wie Sie sich selbst besitzen.
Network Press International, London 2000

Quain, Bill PH. D.: Pro-Sumenten Power.
Tycoon, Asbach-Bäumenheim 2004

Quain, Bill PH. D.: B2B – Zurück zur Zukunft.
Tycoon, Asbach-Bäumenheim 2003

Thust, Wolfgang: Geldmaschine Strukturvertrieb.
Edition Goldberg, Hergenrath/Belgien 1997

Wehling, Margret: Anreizsysteme im Multi-Level-Marketing.
Schäffer-Pöschel, Stuttgart 1999

Zacharias, Michael M.: Direktvertrieb und Network-Marketing in Österreich. Studie über die Situation der Warenpräsentatoren und Networker im Auftrag des Bundesgremiums Direktvertrieb der Wirtschaftskammer Österreich. Wien 2001

Zacharias, Michael M.: Direktvertrieb: die Wachstumsbranche der Zukunft. Ein internationaler Überblick. In: direktvertrieb.biz, September 2004 (Spezial-Ausgabe 09-1)

Zacharias, Michael M.: Der Direktvertrieb in Österreich 2004 – Zweite Studie des Bundesgremiums des Direktvertriebs der Wirtschaftskammer Österreich. Wien, November 2004

Zacharias, Michael M.: Network-Marketing in Deutschland. In: Dreyer, Clemens/Kreß, Markus (Hrsg.): Die führenden Network-Unternehmen. Köln 2004, S. 32–46

Zacharias, Michael M.: Network-Marketing in Deutschland 2005.
Fachhochschule Worms, European Business Management.
Worms, Juni 2005 (Bezugsquelle: www.hp-marketing.com)

Löhr, Jörg/Pramann, Ulrich: Lebe Deine Stärken.
Econ Verlag, München 2004

Löhr, Jörg/Pramann, Ulrich: Einfach mehr vom Leben.
Edition Erfolg Verlag, Augsburg 2005

Löhr, Jörg/Pramann, Ulrich: Mehr Energie fürs Leben.
Südwest Verlag, München 2002

**Bestellungen von signierten Exemplaren unter
Telefon 0821 / 346 54-66**

www.joerg-loehr.com

Danksagung

Vielen Dank!

Wir möchten uns bei folgenden Personen für die großartige Unterstützung bedanken. Sie haben entscheidend zum Gelingen dieses Buches beigetragen. Außergewöhnlich dabei war, wie jede(r) Einzelne sich mit ganzem Herzen und enormer Leidenschaft für dieses Werk eingesetzt hat.

Vielen Dank – es war eine außergewöhnliche Zusammenarbeit!

Gitta Hering M. A. Ohne ihre konzeptionellen Texte, Anregungen und Gedanken wäre dieses Buch in dieser besonderen Form nie möglich geworden.

Katrin Müller, die ebenfalls mit ihren wertvollen Gedanken und Texten eine hervorragende Unterstützung war.

Evi Schoettl, die mit viel Einsatz und Liebe dem Buch ein besonderes grafisches Gesicht gegeben hat.

Karl-Heinz Sunitsch, Gründungsmitglied des *Bundesgremiums Direktvertrieb der Wirtschaftskammer Österreich*, der den Anstoß für dieses Buch gab und mit seinen Anregungen eine wichtige Stütze war.

Für Ihre Notizen

Für Ihre Notizen

Für Ihre Notizen

Für Ihre Notizen